Kallenberger

Experimente mit selbst gebauten Jakobsleitern

Matthias Kallenberger

FRANZIS EXPERIMENTE

Experimente mit selbst gebauten Jakobsleitern

Mit 80 Abbildungen

FRANZIS

Bibliografische Information der Deutschen Bibliothek

Die Deutsche Bibliothek verzeichnet diese Publikation in der Deutschen Nationalbibliografie; detaillierte Daten sind im Internet über **http://dnb.ddb.de** abrufbar.

Hinweis

Alle Angaben in diesem Buch wurden vom Autor mit größter Sorgfalt erarbeitet bzw. zusammengestellt und unter Einschaltung wirksamer Kontrollmaßnahmen reproduziert. Trotzdem sind Fehler nicht ganz auszuschließen. Der Verlag und der Autor sehen sich deshalb gezwungen, darauf hinzuweisen, dass sie weder eine Garantie noch die juristische Verantwortung oder irgendeine Haftung für Folgen, die auf fehlerhafte Angaben zurückgehen, übernehmen können. Für die Mitteilung etwaiger Fehler sind Verlag und Autor jederzeit dankbar.

Internetadressen oder Versionsnummern stellen den bei Redaktionsschluss verfügbaren Informationsstand dar. Verlag und Autor übernehmen keinerlei Verantwortung oder Haftung für Veränderungen, die sich aus nicht von ihnen zu vertretenden Umständen ergeben. Evtl. beigefügte oder zum Download angebotene Dateien und Informationen dienen ausschließlich der nicht gewerblichen Nutzung. Eine gewerbliche Nutzung ist nur mit Zustimmung des Lizenzinhabers möglich.

Satz: DTP-Satz A. Kugge, München
art & design: www.ideehoch2.de
Druck: Legoprint S.p.A., Lavis (Italia)
Printed in Italy

ISBN 978-3-7723-**4339-1**

Vorwort

Wenn man von Lichtbögen oder Jakobsleitern spricht und sich mit dem Thema ein wenig auskennt, stellt man sich meist elektrische Entladungen an Elektroden vor. Viele Amateurforscher und Hobbyelektroniker entwickeln solche Geräte und verwenden dazu in der Regel vorgefertigte Netzteile, die sie irgendwo ausgebaut haben. Die Stromstärke wird dann durch Parallelschaltungen der Primärseiten aufgestockt. Die in diesem Buch besprochenen Apparaturen hingegen sind kompakte Apparate, denn ihre Größen und Ausgangsleistungen richten sich in der Regel nach der Vollleistung des Hausanschlusses. Da meist mit Spannungen über 100.000 V gearbeitet wird, kann man eventuelle Nachbauten großer Trafos nur versierten Experten empfehlen, die über langjährige Erfahrungen mit Hochspannung und ausreichend Platz verfügen. Es ist unerlässlich, äußerst vorsichtig und gewissenhaft zu arbeiten.

Es genügt völlig, die einfachen Dreisatzberechnungen für Windungs- und Spannungsverhältnisse anzuwenden, um erfolgreiche Ergebnisse zu erzielen. Sogar Ungenauigkeiten von bis zu 20 % sind bei den gewaltigen Leistungen noch völlig akzeptabel. Transformatoren bis zu 30 kV kann man ohne weiteres »trocken« aufbauen, also ohne Öleinbettung betreiben. Dies geht aber nur, wenn die Dimensionen der Wicklungen und des Kerns so beschaffen sind, dass keine Selbstentzündungen stattfinden können, wenn sie nicht mutwillig herbeigeführt werden. Solche, und noch viele andere Tatsachen, erfährt man durch langjähriges Experimentieren – oder durch die Lektüre dieses Buches. Ich wünsche Ihnen dabei viel Spaß und Erfolg!

Matthias Kallenberger

Aber Jakob zog aus von Beerseba
und machte sich auf den Weg nach
Haran und kam an eine Stätte.
Da blieb er über Nacht,
denn die Sonne war untergegangen.
Und er nahm einen Stein von der Stätte
und legte ihn zu seinem Haupt
und legte sich an der Stätte schlafen.
Und ihm träumte, und siehe, eine Leiter stand
auf Erden, die rührte mit der Spitze
an den Himmel, und siehe,
die Engel Gottes stiegen daran auf und nieder.
Und der Herr stand oben darauf
und sprach: Ich bin der Herr,
der Gott deines Vaters Abraham, und Isaaks Gott.
Das Land, darauf du stehst,
will ich dir und deinen Nachkommen geben.

1. Buch Mose 28, Vers 10

Für meinen Sohn David
(Der Begriff »Jakobsleiter« leitet sich von der Vision des Propheten Jakob ab.)

Wichtige Hinweise! Unbedingt beachten!

Hochspannung ist lebensgefährlich und sollte nie von Personen angewendet werden, die keinerlei Erfahrungen, Qualifikationen und Kenntnisse auf diesem Gebiet haben. Um entsprechende Geräte herzustellen und sich an derlei extreme Gefahrenquellen zu wagen, genügt Schulwissen allein nicht. Selbst ein langjähriges Studium ist nicht ausreichend, wenn man der Versuchung erliegt, sich ohne praktische Erfahrungen und Fähigkeiten zu profilieren.

Schadensfälle können durch mangelhaftes Baumaterial oder schlechte Verarbeitung entstehen. Durch Auslaufen von Öl kann es zur Verseuchung von Grundwasser kommen, im schlimmsten Fall könnte sogar das ganze Haus abbrennen.

Für alle Schäden, die auch durch erfolgreich nachgebaute Apparaturen entstehen, sowie Verletzungen durch Verwendung von Maschinen oder Geräten zur Verarbeitung von Holz oder anderen Materialien übernehmen Verlag und Autor keinerlei Haftung.

Beachten Sie bitte auch, dass das Verwenden von Glasfasermatten gesundheitsschädlich ist, auch wenn sie in der Industrie noch häufig verwendet werden. Bei Schädigungen der Augen, Haut oder der Lunge durch Glasfasern sowie Allergien, die bei der Verarbeitung von Polyester- oder Epoxidharz entstehen können, übernehmen Autor und Verlag ebenfalls keine Haftung. Dies gilt auch für Ozonvergiftungen, lebensgefährliche Schädigungen von Personen mit Herzschrittmachern oder Gesetzesübertretungen und -verstöße im Umgang mit ungeprüfter elektrischer Peripherie oder mangelndes Wissen über Bestimmungen und Vorschriften.

Großtechnischer Transformator, der gewaltige elektrische Leistung ins Netz speist. (Süwag Pleidelsheim, Kreis LB)

Inhaltsverzeichnis

1 Einführung

1.1 Geschichte der elektromagnetischen Induktion

1.1.1 Erste elektromagnetische Versuche früherer Wissenschaftler

Zu den bedeutendsten Physikern, die durch elektromagnetische Versuche zu den wertvollsten Erkenntnissen der heutigen Zeit beitrugen, zählt *Michael Faraday* (1791-1867). Mit anderen Zeitgenossen, die ebenfalls an diesem Thema arbeiteten, entwickelte *Faraday* die ersten Schwerpunkte der elektromagnetischen Induktion, die für uns heute in vielen elektrischen Geräten zur Selbstverständlichkeit gehören. Die Elektromotoren, gespeist durch weitgeleitete elektrische Ströme und Spannungen, bewegen unsere Wirtschaft. Elektromotoren sind ein unverzichtbarer Bestandteil unseres Wohlstands.

Gemeinsam mit vielen anderen Zeitgenossen z. B. *Ampere, Oersted, Fresnel, De La Rive, Bequerel, Dumas, Arago, Gambay, Davi, Siemens* usw. leitet *Faraday* die Entwicklung des Elektromagneten ein – die fundamentale Entdeckung für alle Gerätschaften, die mit elektromagnetischer Kraft arbeiten. Doch bei allen Entdeckungen wurde dem Gleichstrom zunächst mehr Beachtung geschenkt. Erst später zeigte sich, dass der Wechselstrom die Wurzel der Weltwirtschaft werden würde.

1.1.2 Das große Wechselstromnetz

Einer der genialsten Erfinder, wir verdanken ihm u. a. das Wechselstromsystem, war *Nicola Tesla*, ein kroatischstämmiger Amerikaner. Er erfand den bürstenlosen Wechselstrommotor und alles, was mit Energieübertragung, einschließlich Transformatoren, zu tun hat.

Nach vielen erbitterten Kämpfen zwischen *Edison* und *Tesla* setzten sich die Vorteile des Wechselstromsystems durch. *Edisons* Gleichstromsystem entpuppte sich als energieverschwenderische Erzeugung von Elektrizität, wobei mehrere Hilfsstationen für eine Einspeisung von Gleichstrom sorgen mussten, um den starken Leistungsabfall bei der Übertragung auszugleichen.

1.1.3 Zur Beschaffung von Hochspannungstransformatoren

Da es Hochspannungstransformatoren nur selten auf dem öffentlichen Markt gibt und diese, wenn man sie bekommt, sehr teuer sein können, kann man sie selbst herstellen. Um die gewünschten Leistungen zu erzielen, kann man mehrere OBITs (oil-burning-ingnition-transformers = Heizkessel-Zündtransformatoren) parallel schalten, doch es ist von Vorteil, einen einzelnen kompakten Apparat zu besitzen.

Neben den faszinierenden Erscheinungsbildern der *Teslaspulen* oder *Tesla-Transformatoren* sind 50-Hz-Transformatoren mit Eisenkernen und hohen Leistungen gleichermaßen nicht zu verachten. Durch die starken Ströme sind sie auch wesentlich gefährlicher, was man durch die Entladung schon rein äußerlich wahrnehmen kann. Etwa in der Art, in der Nicola Tesla seine Objekte aufgebaut hat (z. B. mit Spulenkörpern aus Holz, Pflanzenölen zur Isolation usw.), kann man die Transformatoren sicher und langlebig aufbauen. Da es viele hervorragende Baustoffe wie Kunststoffe, Kleber, Lacke usw. gibt, können die Apparaturen professionell aufgebaut werden. Auf Schrottplätzen wenn sie nicht zertifiziert und für Besucher unzugänglich gemacht worden sind, findet man oft Transformatoren, Kerne, Wicklungen, Kupferdrähte usw.. Am besten fährt man, wenn man sich von einem Trafohersteller beraten lässt und von dort die Kerne und den Draht bezieht.

1.1.4 Induktion

Das Prinzip der elektromagnetischen Induktion beruht auf der elektrischen Erregung durch Bewegung innerhalb eines Drahtgewindes. Eine magnetische Bewegung, die mit ihrem dadurch bewegten Feld ein Drahtgewinde »berührt,« erzeugt durch ihre Kräfte eine Elektronenbewegung im Kupfer des Gewindes.

Bei einer Spule mit vielen Windungen wird dadurch eine Spannung erzeugt (induziert), die mit der Erhöhung der Windungszahl steigt. Da bei einem dickeren Draht mehr Elektronen gleichzeitig bewegt werden, entsteht hierbei eine höhere Stromstärke. Elektronenbewegungen werden aber auch in massiven Metallkörpern erregt. Beeinflusst man z. B. eine Kupfermünze mit einem kinetischen Magneten, gerät sie in Bewegung. Sie reagiert mit ihrem eigenen elektrischen Feld. Alle Metalle besitzen die Eigenschaft, durch magnetische Beeinflussung Induktionskräfte zu entwickeln. Durch die Windungsmenge auf einer Spule existiert ein bestimmter Grad an Selbstinduktion, der durch die gegenseitige Beeinflussung der einzelnen Windungen stattfindet. Bei dichtgewickelten Spulen ist die Selbstinduktion wesentlich höher als bei weiträumigen Spiralspulen, deren Windungen mit Abständen aufgebaut sind.

Bei hoher dichtgewickelter Windungszahl steigt auch der elektrische Widerstand durch die Selbstinduktion. Induktionskräfte wirken in allen elektromagnetischen

Bewegungen, wenn Elektromagnete oder Dauermagnete Spulen durch Bewegung beeinflussen. Solche Bewegungen finden auch im Wechselfeld des Wechselstroms statt. Je höher die Wechselperioden sind, desto höher ist die im Drahtgewinde induzierte Spannung.

Bei einem Transformator sind zwei oder mehrere Wicklungen auf einem geschlossenen Kern angebracht. Durch die Einspeisung des Stroms, mit dem auch die verbundene Spannung festgelegt ist, wird die Spule im Eingang zur Primärspule. Die andere Spule (es können auch mehrere sein) wird automatisch durch die Induktion über den geschlossenen Eisenkern, in dem das Magnetfeld schwingt, zur Sekundärspule.

Entnimmt man den Sekundärspulen aber keinen Strom durch einen Verbraucher, z. B. einen Elektromotor oder eine Glühlampe, so wird die Primärspule nicht belastet und wirkt als blinder Widerstand. Belastet man eine Sekundärspule oder öffnet man den geschlossenen Kern, so erhöht sich der Primärstrom und macht sich durch steigende Erwärmung bemerkbar. Jetzt fließt der sogenannte »Wirkstrom«.

Schweißtransformatoren arbeiten mit dem Prinzip der Streuung, d. h., sie haben eine einstellbare Vorrichtung, mit der man den Kern über einen bewegbaren Schenkel öffnen oder schließen kann. Diese Eigenschaft schützt die Wicklungen vor starken Kurzschlussströmen, die durch die Schweißelektrode zwangsläufig entstehen. Wäre der Kern in geschlossenem Zustand, würde er die volle Leistung der Stromstärke transportieren, die Wicklungen würden sehr heiß werden und möglicherweise verbrennen. Wird der Kern geöffnet, wird die übertragene Leistung herabgesetzt und der starke Wirkstrom der Sekundärspule vermindert. Da ein Schweißtransformator mit sehr hoher Stromstärke arbeitet, ist ein Leistungsabfall durch die Streuung mäßig und daher akzeptabel.

1.1.5 Lenzsche Regel

Wenn zwei Spulen auf einem Eisenkern sitzen, eine der beiden zur Primär- und die andere zur Sekundärspule wird, so entsteht bei Stromentnahme aus der Sekundärspule in deren Windungen eine elektromagnetische Kraft, die der Primärspule entgegenwirkt. Die stärkste Gegenwirkung entsteht durch einen geschlossenen Ring, also ein *Kurzschlussring*. Bei einem offenen Schenkel, auf dem eine Primärspule und davor ein Kurzschlussring sitzen, können die Kräfte den Ring mit gewaltiger Kraft davonkatapultieren. Man kann hier von einem »Induktions-Schussapparat« sprechen.

Die gleichen Kräfte wirken auch in *Kurzschlussläufern*, also Ankern in Elektromotoren, in denen Kurzschlussringe eingearbeitet sind, die durch starke Abstoßung die Rotation erzeugen. Lichtmaschinen, die von Kraftstoffmotoren angetrieben werden, wirken dem Antrieb entgegen, wenn sie z. B. durch viele

Verbraucher, Scheinwerferlicht, Scheibenwischer usw., belastet werden. Der Antriebsmotor der Lichtmaschine wird also durch die lenzsche Regel zu höherem Kraftstoffverbrauch gezwungen. Genauso wirken auch die schweren Dynamomaschinen der Wasserkraftwerke gegen den Wasserantrieb, wenn sie stark belastet werden.

1.1.6 Allgemeines

Es gibt viele Trafotypen. Ihre Aufgabe ist es, Ströme und Spannungen herauf- oder herabzusetzen (umzuwandeln = *Spannungswandler*). Es gibt Drehstrom-, Zweiphasen- und Einphasen-Trafos, Ringkerntypen und Spartrafos, aus deren Primärspulen Sekundärströme entnommen werden. Es gibt auch Rotationstrafos, die durch einen Anker betrieben werden, z. B. in Form von Lichtmaschinen oder Dynamos. Zeilentrafos mit Ferritkernen befinden sich in Fernsehgeräten und arbeiten mit Hochfrequenz. Trafos ohne Kerne nennt man *Tesla-Transformatoren* oder *Teslaspulen.*

1.2 Hochspannungstransformatoren

1.2.1 Drehstromtransformatoren

Transformatoren, die hohe Spannungen erzeugen, werden meist für die Versorgung von Überlandleitungen verwendet. An den jeweiligen Schnittstellen, an denen Spannungen umgewandelt werden, findet man Transformatoren verschiedenster Kategorien. Fast immer sind ihre Körper in Metallgehäuse verpackt, gefüllt mit Transformatorenöl und außen mit Kühlrippen versehen, um Wärme abzuleiten. Dabei handelt es sich meist um Drehstromtypen, die in der Regel die drei Phasen herauf- oder heruntertransformieren.

Es gibt verschiedene Schaltungstypen, wobei für Hochspannungserzeugung nur einige Typen für Experimente verwendet werden sollten. Es handelt sich um solche Typen, bei denen die Sekundärseite sterngeschaltet sein sollte, damit der Sternpunkt mit dem Kern verbunden werden kann, um eine richtige und gefahrlose Erdung zu ermöglichen *(Abb. 1.1).*

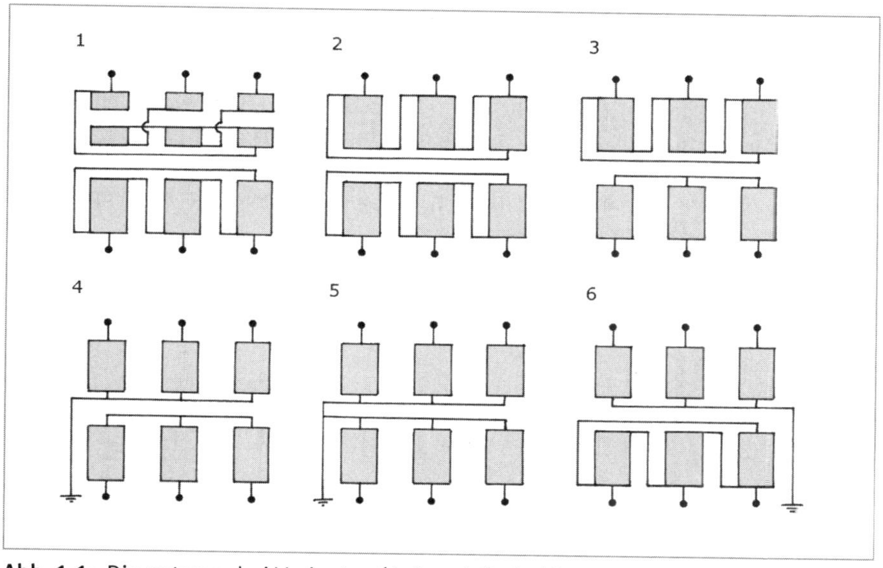

Abb. 1.1: Die unteren drei Varianten (4, 5 und 6) sind für Hochspannungserzeugung besonders gut geeignet, da die Sternschaltung auf der Sekundärseite eine sichere Erdung ermöglicht.

1.2.2 Zweiphasen-Transformatoren

Hierbei werden zwei Phasen verwendet, wenn starke Ströme aus dem Netz gezogen werden sollen. Mit 400 V primär können beachtliche Leistungen umgesetzt werden. Mit diesen Typen sind leistungsfähige Lichtbögen kein Problem *(Abb. 1.2).*

1.2.3 Einphasen-Transformatoren

Auch mit 230 V kann man gute Apparaturen bauen. Man sollte aber auf stärkere Ströme zurückgreifen, denn die gewöhnliche 16-A-Zimmersicherung ist meist den hohen Einschaltströmen nicht gewachsen. Für die Erzeugung leistungsfähiger Entladungen verzichtet man auch möglichst auf Vorschaltgeräte oder Drosseln, denn diese ziehen dem Lichtbogen zu viel Ausgangsleistung ab. Wenn allerdings eine 16-A-Neozedsicherung vorhanden ist, ist der Einschaltstrom kein Problem, denn die Neozedsicherungen sind sehr träge.

1.2.4 Allgemeines über Transformatoren

Die Dimensionen der Leistungen und der entsprechenden Kerne sollten stets so bemessen sein, dass sie nicht in die Schmerzgrenzbereiche der Sicherungen reichen. An einem 63-A-Anschluss sollten nicht mehr als 60 A gezogen werden, bei einem 32-A-Anschluss nicht mehr als 30 A usw. An der Leistungsgrenze arbeitende Geräte können die Leitungen und Sicherungskästen stark erwärmen und dadurch auf Dauer gefährden.

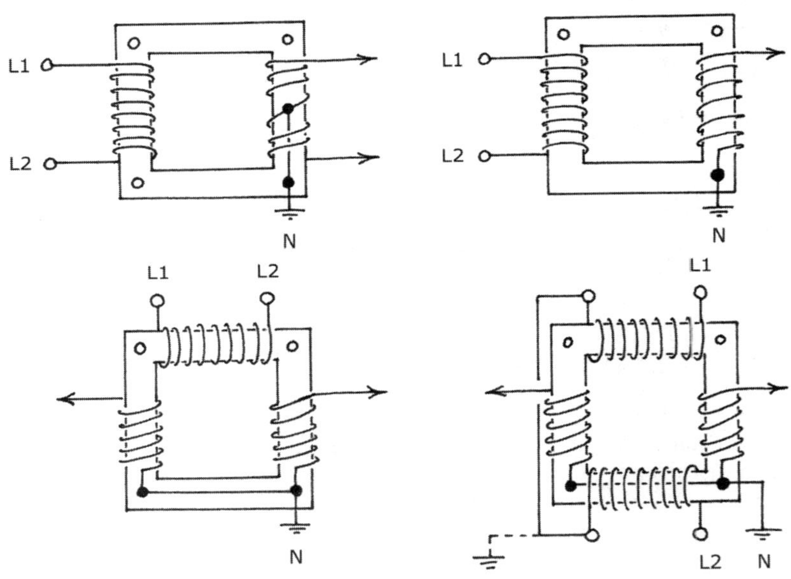

Abb. 1.2: Mehrere geeignete Trafotypen für Hochspannungserzeugung.

Wenn es sich um 16-A-Schaltsicherungen handelt, können keine sehr hohen Leistungen aus dem Netz gezogen werden. Man sollte bedenken, dass bei jedem Lichtbogen-Neuanfang am unteren Ende der Elektroden ein ruckartiger Starkstrom gezogen wird, der sich mit dem Beginn seiner Wanderschaft nach oben langsam entspannt. Harte Transformatoren ohne Strombegrenzer sind im Prinzip am leistungsfähigsten. Ein 9-kV-Netzteil kann bei einer 8-A-Schmelzsicherung halten, aber bei einer 16-A-Schaltsicherung ständig versagen. Eine Funktion lässt sich mit der Schaltsicherung daher nicht ermöglichen.

Bei 63-A-Anschlüssen sollte daher darauf geachtet werden, dass die Schaltschütze (Hauptschaltsicherungen im Sicherungsschrank) so träge wie möglich sind, denn sie sind die empfindlichsten Stellen bei starkem Stromzug. Bei hohen Spannungen bis 20 kV muss man die Elektroden relativ nahe zueinander stellen. Das bedeutet, dass ein relativ hoher Strom durch sie fließt, der durch die kurze Funkenstrecke und den dadurch niedrigen Widerstand an der Luft beinahe wie ein Kurzschluss wirkt. Liegen die Ausgangsspannungen höher, so weitet sich die Funkenstrecke. Der Widerstand erhöht sich durch den größeren Abstand und der Kurzschlussstrom sinkt.

Sehr nahe eingestellte Elektroden kommen also fast einem Kurzschluss gleich. Dieses Verhalten macht sich sehr schnell durch starke Erwärmung bemerkbar. Je höher also die Spannung ist, desto entlastender wirkt die größer werdende Funkenstrecke. Der Transformator wird dann selbst bei längerem Betrieb kaum warm. So sollte die Apparatur arbeiten.

1.3 Beschreibung von Lichtbögen

1.3.1 Lichtbögen niederer Hochspannungen

Generell kann man sagen, dass sich Lichtbögen bis etwa 20 kV durch träges Wandern an den Elektroden zeigen. Ihre Leuchtkraft ist sehr intensiv, es wird sehr viel Ozon umgesetzt und ihr Entladungsgeräusch ist ein schwermütiges und dumpfes Brummen.

Niedrigere Hochspannungen sind für gute Jakobsleitertätigkeiten im Dauerbetrieb eher ungeeignet, denn sie erfordern zu hohe Ströme. Das nahe Zuführen der Elektroden ist oft dafür verantwortlich, dass der Zündfunke im unteren Bereich nicht abbricht, also eine Wanderung noch oben nicht zulässt. Dadurch werden die Elektroden sehr stark erhitzt und oxidiert, was die Leitfähigkeit ebenfalls beeinträchtigt. Um zu verhindern, dass der Zündfunke unten verharrt, kann man einen kleinen Elektromotor mit Propeller darunter anbringen, der die Elektroden ganz schwach mit Luft anbläst, um den Funken zu lösen. Wenn der Motor zu stark bläst, gerät der Lichtbogen allerdings in unruhige Bewegungen, was sehr unangenehm ist. Es muss ein Sicherheitsabstand zwischen Motor und Elektroden vorhanden sein, besonders dann, wenn der Motor mit dem Netz betrieben wird. In *Abb. 1.3* kann man das unterschiedliche Verhalten der Lichtbögen erkennen.

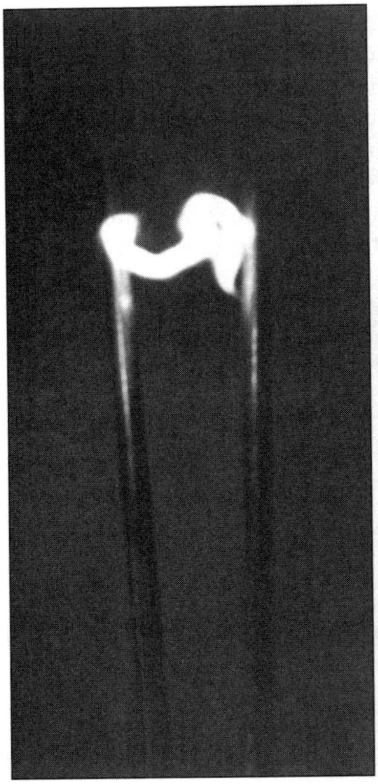

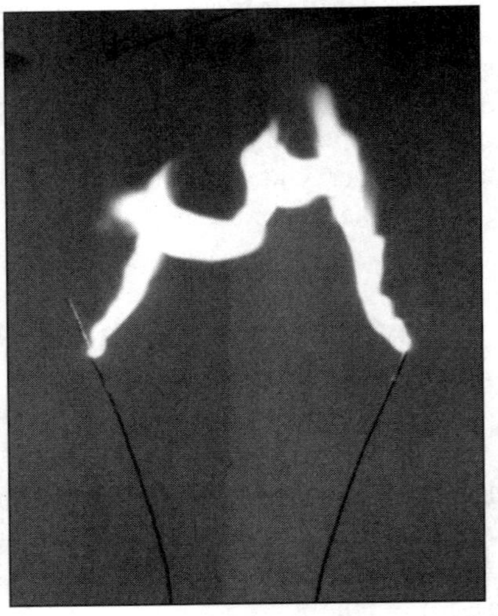

Abb. 1.3: Links ist ein Lichtbogen abgebildet, der etwa eine Spannung von 9 kV führt. Daneben sieht man einen 170-kV-Lichtbogen.

1.3.2 Lichtbögen von Höchstspannungen

Ab 20 kV aufwärts kann man die Elektroden weiter voneinander entfernen. Ein Hängenbleiben im unteren Elektrodenbereich entfällt dann völlig. Steigert man die Spannung weiter, vernimmt man deutlich ein aggressives Knistern. Der Lichtbogen wandert jetzt gemächlicher, hält sich mehr an kleinen Detailstellen wie Verunreinigungen und Macken auf, die kaum sichtbar sind. Bei Spannungen über 100 kV bildet sich schon ein richtiges elektrisches Feuer, das die Elektroden geräuschvoll emporklettert. Die Entladung bricht oft oben nicht mehr ab, und wenn, dann zündet sie mit einem knallenden stahlblauen Blitz. Je nach Ausgangsleistung kann der Lichtbogen weit auseinandergezogen werden und formt sich dann zu einem majestätischen Flammenbogen.

1.3.3 Lichtbogenfärbung

Spezifische Elektrodenmetalle sind meist für die Lichtbogenfärbung verantwortlich. Eisen erzeugt ein leichtes Ockergelb, Kupfer leuchtendes Grün, Aluminium helles Himmelblau, während z. B. Edelstahl ein zartes Manganviolett bewirkt. Dies gilt aber nur für extrem starke Ausgangsströme, deren Spannungen unter etwa 20 kV liegen. Der starke Ausgangsstrom trägt durch den Lichtbogen reichlich Metallpartikel von den Elektroden ab, die sich durch ihre Verbrennung in den genannten Farben äußern. Je höher die Spannungen werden, desto mehr gleichen sich ihre farblichen Erscheinungen. Ab etwa 50 kV gibt es keine Unterschiede mehr. Die Lichtbögen sind bläulich und enthalten gelegentlich gelbliche Eruptionen. Durch die sinkenden Ströme, wenn die Spannungen steigen, werden weniger Metallpartikel abgetragen. Ihre Erscheinungsformen werden deutlich aggressiver und auch gefährlicher, ihre Geräusche schon fast beängstigend, aber dafür sehr imposant.

1.4 Gefahren und Vorsichtsmaßnahmen

1.4.1 Die Erdung der Apparaturen

Erdungen von Kernen und Sekundär-Innenanschlüssen bestimmen ein elektrisches Verhältnis, das den Betreiber mit der erzeugten Hochspannung verbindet. Durch die Erdung wird der Mensch ein direkter Gegenpol, in den ein Lichtbogen einschlagen kann (siehe Abb. 1.4). Während durch die Erdung meist Gehäuse geschützt und übermäßiges Kriechstromverhalten auf Oberflächen unterbunden werden, besteht hier für den Menschen eine höhere Gefahr als bei ungeerdetem Gerät. Dessen muss man sich immer bewusst sein.

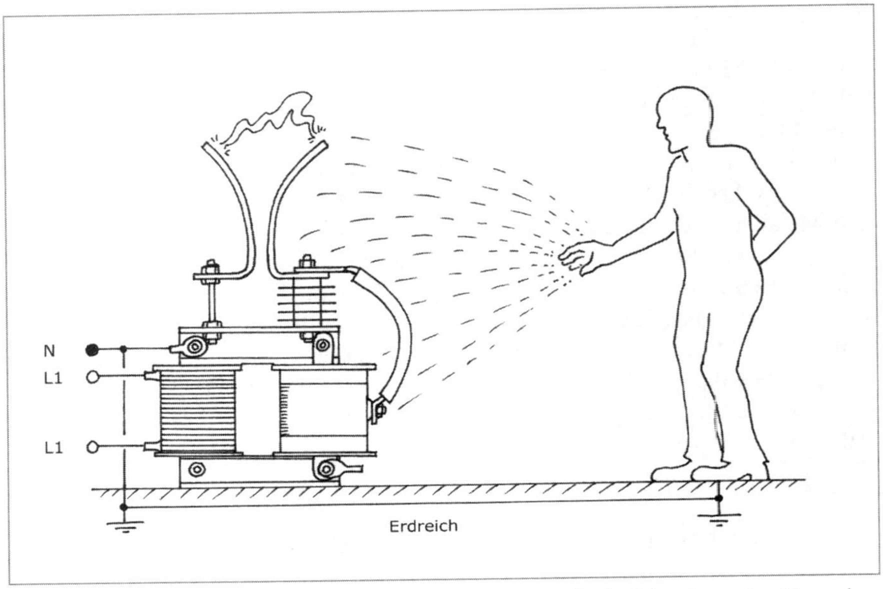

Abb. 1.4: Bei Annäherung an den Transformator steigt die Gefahr, denn der Mensch schließt über seine Erdung den Stromkreis zur Hochspannungsphase.

1.4.2 Gefahren bei Betrieb von Jakobsleitern

Gefahren durch Ozon

Ozon ist ein gesundheitsschädliches Gas, das sich ab einer bestimmten Konzentration durch Atembeschwerden, Augendrücken, Kopfschmerzen und sogar Brechreiz äußern kann. Es sollte immer für gute Raumluft gesorgt werden – vorher und nachher.

Gefahren durch UV-Strahlung

Bei Lichtbogentätigkeit, insbesondere bei hohen Leistungen, wird ultraviolettes Licht erzeugt, das auf der Haut einen Sonnenbrand verursachen kann. Bei stärkerer und längerer Bestrahlung kann dies krebserregend sein. Man sollte nie lange in die Entladung sehen und dabei eine Schutzbrille tragen.

Gefahren durch brennbare Stoffe

Lichtbögen entwickeln in Sekundenschnelle eine so große Hitze, dass es bei Einschlägen zu schnell heranwachsenden Feuerstellen kommen kann. Dabei können auch giftige Dämpfe durch brennende PVC-Böden entstehen. Transformatorenöl kann durch Lichtbogentätigkeit im Behälter Feuer fangen. Gasflaschen, Benzinkanister, Nitroverdünnungsbehälter und andere brennbare Stoffe wie z. B. Munition sollten sich nicht in der Nähe befinden. Ein Feuerlöscher sollte stets verfügbar sein.

Stromschlag wegen Feuerlöscher

Der Feuerlöscher darf nur bei ausgeschalteter Apparatur eingesetzt werden, da er sonst wie eine tödliche Brücke wirken kann.

Gefahr durch unsachgemäße Handhabung

Da jede Apparatur im Betrieb lebensgefährlich und sogar tödlich sein kann, sollte vor jeder Inbetriebnahme alles gewissenhaft überprüft werden.

Gefahren durch Mangel an Konzentration

Prinzipiell sollte man die Anlagen nicht betreiben, wenn man unter Stress oder Drogeneinfluss (auch Alkohol) steht. Auch Krankheiten oder Unwohlsein wie z. B. Kopfschmerzen können zu einem Mangel an Konzentration und damit zu gefährlichen Fehlern führen.

Gefahr durch schlechte Anschlussverbindungen

Anschlüsse, die nicht richtig verbunden sind, können unter Belastung Funken erzeugen, die bei hoher Stromstärke sehr heiß werden. Die Peripherie am Anschluss kann brennen. Bolzen, die sich erhitzen, können den Behälter undicht machen.

Gefahr durch Unordnung

Herumliegende Teile, vor allem aus Metall, können von der hohen Spannung als Leitmittel zur Überbrückung und Verkürzung des Stromkreises verwendet werden und den Betreiber lebensgefährlich treffen. Im schlimmsten Falls stolpert man in die Elektroden, was zu 99 % tödlich endet.

Hochspannung, insbesondere Höchstspannung in großen Dimensionen, ist bei Berührung nicht nur lebensgefährlich, sondern meist tödlich. In diesem Wissen sollte man die Apparate und Gerätschaften behandeln und jeden Handgriff kontrollieren. Jeder gravierende Fehler birgt eine große Gefahr. Das Verhalten von Kindern oder Tieren ist nicht verlässlich vorhersehbar, darum sollten sie in jedem Fall ferngehalten werden.

Im Betrieb der Transformatoren stehen die Pole bzw. Elektroden unter hoher Spannung. Bei Weitung oder gar fehlenden Elektroden ist das elektrische Feld um die Apparatur am stärksten.

Der Sicherheitsabstand muss also dem Zustand angepasst werden, weil auch hier große Lebensgefahr besteht. Selbst wenn vor dem Einschlag in den Körper ein Kribbeln zu spüren ist, das sich wie Ameisen auf der Haut anfühlt (durch das 50-Hz-Wechselfeld), sollte nicht leichtsinnig vorgegangen werden. Unsachgemäße Versuche oder Spielereien mit der hohen Spannung können schnell zur Falle werden. Man sollte auch immer darauf achten, dass es keine Einschläge in elektrische Leitungen in den Wänden gibt, die sich in der Nähe befinden. Langfristig können solche Einschläge zu Schmorbränden führen.

1.5 Kerne und Wicklungen

1.5.1 Kerne

Durch die Elektrobleche und ihre zahlreichen Normen hat man unbegrenzte Möglichkeiten, einen geeigneten Kern zusammenzustellen. Der UI-Kern ist für Hochspannungen besonders gut geeignet. Um den für die Wicklungen erforderlichen Platz zu schaffen, ist ein breiterer UI-Kern natürlich von Vorteil. Für höhere Hochspannungen ist ein Quadrat optimal. Sind die Spannungen noch höher, kann man auf ein Rechteck zurückgreifen. Der Querschnitt der Kernstärke sollte quadratisch bemessen sein, damit man später für die Wickelachse gut rotierende Spulenkörper bauen kann, die das Wickeln sehr erleichtern. In *Abb. 1.5* sind verschiedene Möglichkeiten dargestellt. Bei extremen Höchstspannungen verwendet man am besten nur noch einen einzelnen Schenkel als Übertragungsmedium, um Einschläge und Überschläge zwischen Kern und Wicklungen zu vermeiden. Die Primärdrahtstärke wird der Kernnorm angepasst. Hier kann man sich von einem Trafobauer beraten lassen, welche Kerne zu welchen Drahtstärken und Windungsmengen passen (es gibt Tabellen über Kern- und Drahtleistungen). Manteltransformatoren scheiden hier wegen ihrer Bauweise völlig aus.

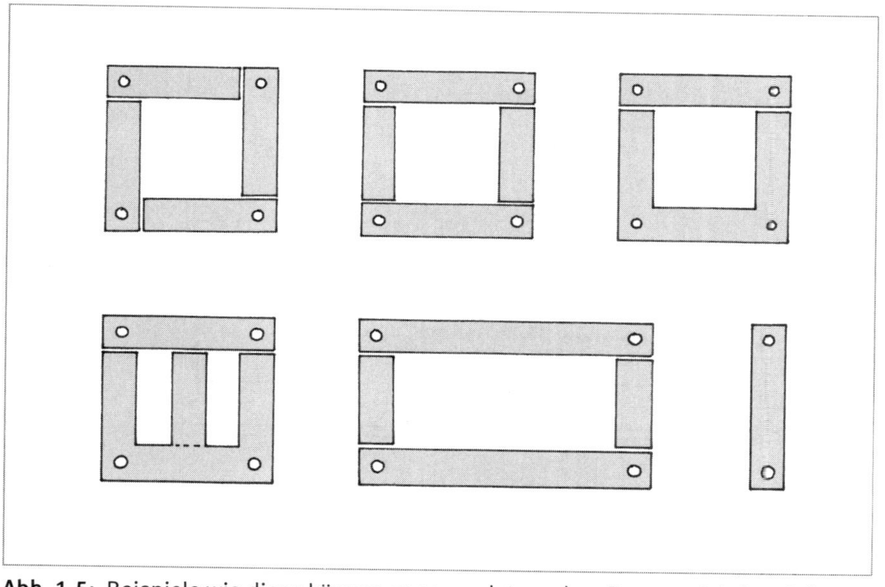

Abb. 1.5: Beispiele wie diese können angewendet werden. Da man sich Spezialkerne auch anfertigen lassen kann, hat man große Spielräume in der Kernkonstruktion.

Die handelsüblichen Drehstromkerne sind so bemessen, dass sie möglichst wenig Leistungsverluste verursachen. Um Einschlagrisiken durch Wicklungsplatzmangel zu vermeiden, können daher nicht mehr als 40 kV erzeugt werden. Um am 63-A-Drehstromanschluss zu arbeiten, ist der EI-350-Kern der optimalste Normtyp. Seine Kernstärke sollte mit etwa 70 mm bemessen sein, denn das Schenkelblatt misst ebenfalls 70 mm in der Breite. Bei Höchstspannungen über 100 kV sollte ein Kern nicht mehr wie ein Rahmen beschaffen sein, der Überschlagsmöglichkeiten bietet. Ein freier Schenkel wie in *Abb. 1.6* ist in diesem Fall besonders geeignet. Natürlich fließt hier später ein sehr hoher Verluststrom, der durch Windungsaufstockungen der Primärspule verhindert werden muss. Dadurch vergrößert sich auch die Sekundärwindungszahl des Ausgangs, was viel Arbeit bedeutet. Diese Leistungseinbußen kann man aber getrost hinnehmen. Auf dieses Thema wird an späterer Stelle noch eingegangen.

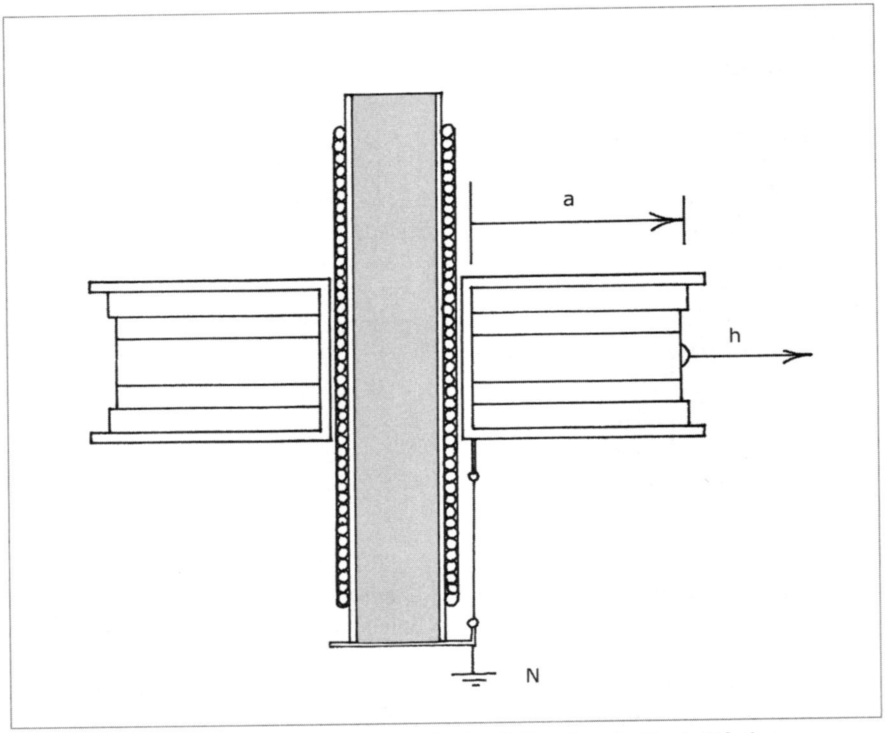

Abb. 1.6: Eine freie Sekundärspule erreicht durch ihre Beschaffenheit keine potenziellen Gefahrenzonen durch den Kern.

1.5.2 Wicklungen

Wicklungen sollten immer so angeordnet werden, dass ihre Dimension und ihre spätere Spannung nicht durch den Kern begrenzt werden. Dafür gibt es ganz einfache Anordnungen, die man verwenden kann. *Abb. 1.7* zeigt verschiedene solcher Anordnungen, die hochspannungstechnisch sehr sicher sind. Bei optimal ausbalancierten Spulen kann man den gewöhnlichen Dreisatz zur Berechnung anwenden, wenn man die gewünschten Faktoren aus den Tabellen des Trafoherstellers entnommen hat.

Leistungsverhältnisse: $P = U \times I$ (VA)

Windungs- und Spannungsverhältnisse: $U_1 / U_2 = n_1 / n_2$ oder $U_2 / U_1 = n_2 / n_1$

Windungs- und Stromstärkeverhältnisse: $I_2 / I_1 = n_1 / n_2$

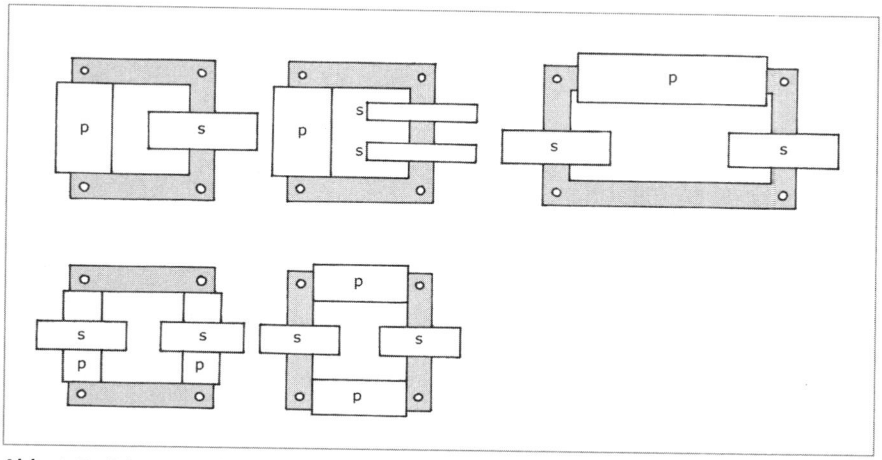

Abb. 1.7: Primär- und Sekundärspulen können wie hier um den Kern angebracht werden. Bei Höchstspannungen ist der rechteckige Kern optimal, wenn kein offener Schenkel verwendet werden soll.

1.5.3 Berechnung von Verhältnissen

Spannungsberechnungen

Formel: $U_2 / U_1 = n_2 / n_1$

Beispiel:

Windungszahl primär: 500 Wdg (Windungen)

Spannung primär: 230 V

Windungszahl sekundär: 5.000 Wdg

U_2 / 230 V = 5.000 Wdg / 500 Wdg

U_2 / 230 V = 10

U_2 = 230 V x 10 = 2.300 V

Berechnung der Stromstärke

Formel: $I_2 / I_1 = n_1 / n_2$

Beispiel:

Stromstärke primär: 50 A

Windungszahl primär: 100 Wdg

Windungszahl sekundär: 1.000 Wdg

I_2 / 50 A = 100 Wdg / 1.000 Wdg

I_2 = 50 x 100 / 1.000 = 5 A

Berechnung der Leistung

Formel: P (VA) = U x I

Beispiel:

Leistungspotenzial primär: 15 kW (15.000 W)

Spannung primär: 400 V

Spannung sekundär: 10 kV (10.000 V)

Primärstromstärke: 15.000 W / 400 V = 37,5 A

Sekundärstromstärke: 15.000 W / 10.000 V = 1,5 A

Anmerkung: Die Berechnungen setzen optimale Kern- und Wicklungsverhältnisse voraus, die den DIN-Baunormen entsprechen. Verluste sind dabei nicht eingerechnet.

1.5.4 Blindwiderstand und Wirkstrom

Wenn ein gut berechneter Transformator (mit optimaler Primärwicklung) am Netz hängt, bildet die Primärspule mit dem Kern eine Art Blindwiderstand, der im unbelasteten Leerbetrieb dem Netz so gut wie keinen Strom entnimmt.

Erst wenn ein Verbraucher an die Sekundärspule angeschlossen wird, entsteht in der Primärspule der sogenannte *Wirkstrom*, der dem Netz Leistung entzieht. Bei einem Kurzschluss in der Sekundärspule kann der Wirkstrom so hoch werden, dass die Sicherung durch ihn versagt.

Da bei den Hochspannungstransformatoren die Elektroden der Jakobsleiter praktisch sofort betriebsbereit sind und gleichzeitig ein hoher Anlaufstrom für das Magnetfeld des Kerns benötigt wird, hat man zwei Belastungen gleichzeitig, die die Sicherungen stark beanspruchen.

Ein Beispiel aus der Praxis:
Die Wicklungsverhältnisse eines Dreiphasen-Trafos waren zuvor so beschaffen, dass sich in den Ausgangsspulen die Drahtstärke von 1 mm befand. Wollte man so eine Spannung von 10 kV mit einer immensen Leistung von 2,5 A erzeugen, versagten schon nach wenigen Sekunden die Schaltschütze und sogar die Panzersicherungen, weil die Elektroden sehr nahe stehen mussten, um den Zündvorgang zu starten. Dadurch floss ein sehr hoher Strom. Die Apparatur war also neu zu bewickeln und man legte eine neue Spannung von 40 kV fest. Durch die Gesamtleistung ergab sich dann eine niedrigere Stromstärke von ungefähr 0,6 A im Ausgang. Diese Stromstärke ist für eine beachtliche Leistung ausreichend und man hat zwei Vorteile gewonnen: Das Versagen der Sicherungen ist abgestellt und man erhält drei schönere Lichtbögen.

1.6 Zündabstände und Funkenstrecken

Bei steigender Hochspannung verlängert sich auch die Zündstrecke. Der Zündabstand liegt bei bis etwa 8 kV in 1.000 V/mm. Steigt die Spannung weiter, proportioniert sich die Zündstrecke mit ständig steigender Tendenz. Bei 40 kV liegt sie schon bei ca. 60 mm, bei 100 kV bei 200 mm, während sie bei 400 kV schon weit über 1 m liegt. Der dadurch erzeugte Lichtbogen lässt sich natürlich dann noch um einiges mehr auseinanderziehen, wenn die Bauart des Transformators eine solche Strecke zulässt. In *Abb. 1.8* wurde gewagt, die steigende Spannung und die spezifische Zündstrecke grafisch zu ermitteln. Natürlich ist diese Kurve nur sehr ungenau und dient allein als Beispiel. Doch es lässt sich nicht leugnen, dass die Kurve der Ausschnitt einer Ellipse ist, auf der sich die Zündstrecke zur Waagrechten hin bewegt – praktisch ins Unendliche, wenn man das Verhalten vom geometrischen Standpunkt aus betrachtet.

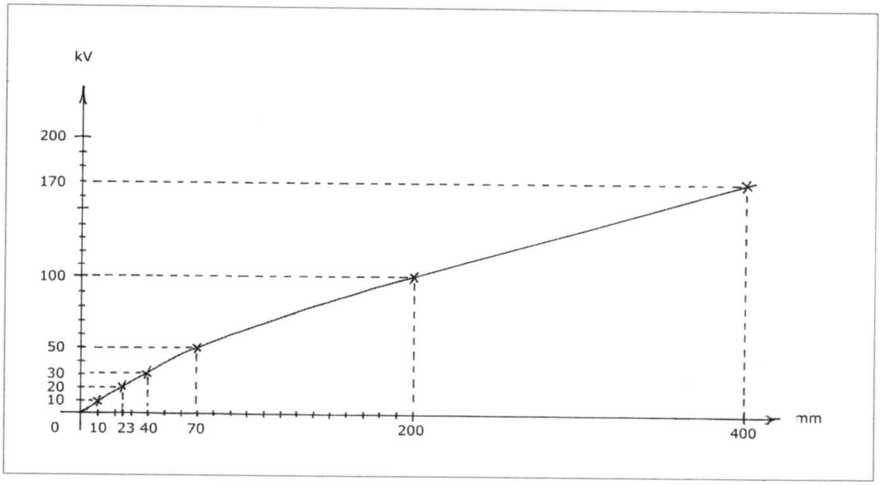

Abb. 1.8: Mit Hilfe einer grafischen Kurve kann man die proportionale Funkenstrecke gut erkennen. Die Kurve stellt den Ausschnitt einer Ellipse dar.

1.7 Energiequellen

In der Regel arbeitet der Hobbyelektriker mit 230 V und 16 A. Da diese Leistung bei großen Trafos mit sehr hoher Spannung bei weitem nicht ausreicht, um imposante Lichtbögen herzustellen, sollte man mindestens mit 32 A arbeiten. Hiermit können bereits beachtliche Jakobsleitern erzeugt werden (für Spannungen bis ca. 60 kV). In *Abb. 1.9* ist ein 63-A-Anschluss mit Schalter abgebildet. Dieser Schalter sollte über der Steckdose nicht fehlen, denn das ständige Herausziehen im Betrieb sorgt für einen unangenehmen Funkenregen und Schmorstellen auf den Messingkontakten. Dabei entsteht auch unangenehmer Geruch. Wer die Möglichkeiten besitzt, noch stärkere Ströme zu nutzen, z. B. über 63 A, wird erkennen, dass der Bau der Anlage mit hohen Kosten verbunden ist. Die Eisenmenge des Kerns und die Kupfermasse an Draht werden dann schon fast unbezahlbar.

Einen Behälter für diese Anlage zu bauen und sie dann noch zu transportieren oder bewegen zu können, erhöht die Kosten um ein Weiteres.

Abb. 1.9: Optimale Stromversorgung durch optimale Peripherie.

2 Bau von Hochspannungstransformatoren

2.1 »Trockenbau« eines 20-kV-Transformators

2.1.1 Isolationspapier

Isolationspapier für die Schichten auf den Spulen ist bei jedem Trafohersteller erhältlich. Allerdings kann das Papier sehr teuer werden, wenn man davon große Mengen benötigt. Es gibt aber auch kostengünstigere Lösungen. In den großen Transformatoren, die die Überlandleitungen speisen, werden oft Papiere verwendet, die mit dem im Handel gebräuchlichen Backpapier identisch sind. Es ist temperatur- und reißfest und weicht nicht im Öl auf. Durch mehrere Lagen Backpapier erhält man eine dickere Isolationsschicht, durch deren Zwischenräume dann das Öl hervorragend kriecht.

Abb. 2.1 zeigt das Backpapier, mit Hilfe einer Bandsäge in passende Lagenbreiten geschnitten.

Ein weiterer wunderbarer Isolator ist Zeitungspapier, wenn es in Wachs gekocht ist. Die Wicklung wird trocken gewickelt, die Zeitungspapierlagen werden trocken eingelegt. Wenn die Spule gewickelt ist, wird der ganze Komplex in Wachs gekocht, damit es in jede Ritze kriechen kann. Ausgehärtet ist die Wicklung später hervorragend isoliert.

Abb. 2.1: Man kann Backpapier mit der Bandsäge beliebig schneiden. Dabei sägt man die ganze Rolle in kleinere Röllchen, von denen man dann Material bequem abrollen kann. Das Sägen sollten natürlich nur handwerklich Versierte übernehmen.

Ein (nicht zur Nachahmung empfohlener) Test, in dem man die Wicklung fahrlässig opfert, zeigt die guten Isolationseigenschaften von wachsgetränktem Zeitungspapier. Mit einer Schichtenspannung von 1.500 V, (also zwei gegenüberliegenden 3.000 V) hält eine einzelne wachsgetränkte Lage dazwischen etwa 15 Minuten durch, bis ein Durchschlag stattfindet. Um eine sichere Isolierung mit Lagen zu schaffen, sollten die Spannungen der einzelnen Schichten so niedrig wie möglich gehalten werden. Dann sind Durchschläge ausgeschlossen.

Für den Trockenbau ist beides optimal. Wenn man also vier Lagen Isolationspapier verwenden möchte, sollte man wie in *Abb. 2.2* zwei Lagen Backpapier und zwei Lagen Zeitungspapier verwenden, die im Wechsel zusammengelegt werden. Beim Kochen im Wachstopf wirkt die Zeitungspapierlage wie ein Docht und zieht das Wachs zwischen die Backpapiere. Abgekühlt ist die Wicklung eine starre und stabile Masse.

2.1.2 Hilfsmittel

Um die Schichtenränder des Drahts zu sichern, werden außen Pappstreifen angebracht, die ein Herausrutschen der einzelnen Windungen verhindern *(Abb. 2.2)*. Die Pappe saugt sich im Wachs- oder Ölbad voll, so dass sie keine Gefahr für die Schichten wird. Beim Verarbeiten von Pappe oder Papier wird so mancher skeptisch Kritik üben. Da Papier oder Pappe mit Leim gebunden sind, der potenziell Strom leiten kann, geht man davon aus, dass ein Durchschlag oder

Überschlag stattfinden kann. Doch alle Versuche mit Pappe und Papier ergaben, dass der Leim durch Wachs oder Öl seine Leitfähigkeit vollständig verliert. Nicht einmal große Farbdrucke auf dem Zeitungspapier, die bekanntlich aus metallhaltigen Farben wie z. B. Blei bestehen, bereiten Probleme.

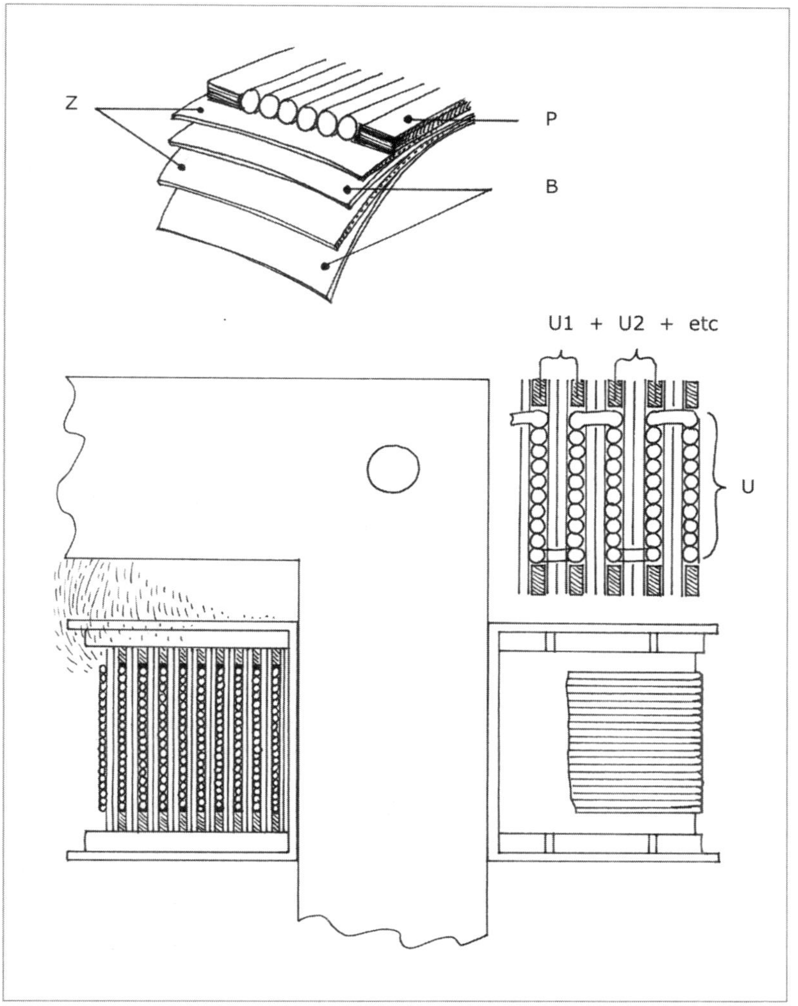

Abb. 2.2: Im oberen Detailausschnitt sind die Lagen einer Schicht abgebildet. Z ist das Zeitungspapier, B das Backpapier. Die Pappestreifen P schützen die äußeren Windungen vor gefährlichem Herausrutschen zum Rand hin. Im Schnitt unten erkennt man die Schichten, wie sie sich durch ihre Einzelspannungen potenzieren, und ihre Gesamtspannung, die zum Kern hin am stärksten wirkt.

2.1.3 Spulenkörper

Es gibt mehrere Möglichkeiten, die Spulenkörper aufzubauen. Geeignet sind folgende Materialien:

Holz ist nur bis zu einer bestimmten Spannung verwendbar. Bei höheren Spannungen kann es zur Falle werden, denn es enthält mikroskopisch kleine Fasern, in denen Luft auch noch nach längerem Kochen eingeschlossen sein kann. Sie wird dann gerne als Durchschlagsüberbrückung genommen. Bei niederer Hochspannung jedoch genügen die Eigenschaften des Holzes.

Glas kann ebenfalls verwendet werden. Im trockenen Aufbau kann Glas mit Silikonkautschuk geklebt werden, muss aber trotzdem mit ins Wachs getaucht werden, um die Sekundärwicklung zu tränken. In diesem Fall kann es sein, dass das Glas die Temperaturen des heißen Wachses nicht aushält und springt. Das wäre zwar nicht tragisch, ist aber im Endeffekt ein vermeidbarer Schönheitsfehler. In Öleinbettungen kann man geklebtes Glas gar nicht verwenden, denn die Klebestellen aus Silikonkautschuk lösen sich durch das enorme Kriechverhalten des Öls ab. Dadurch fällt der Spulenkörper wie ein Kartenhaus auseinander und die Wicklung ist zerstört.

Pappe kann man im Wachsbad verwenden, aber man muss vorsichtig damit umgehen. Sie weicht im heißen Wachs auf und wird sehr elastisch. Hier muss man dafür sorgen, dass die Schichten sich nicht verschieben oder Drahtwindungen verrutschen. In Öl ist Pappe absolut ungeeignet. Sie weicht ebenso auf und ist dann im Dauerzustand instabil.

Sperrhölzer sind sehr gut geeignet, wenn die Spannungen bis etwa 40 kV hoch sind. Der wassergebundene Holzleim löst sich im Öl nicht auf. In trockenem Zustand wird er durch das Wachsbad versiegelt und da die Leimstellen innen in Kernnähe sind, stellen sie auch kein Durchschlagspotenzial dar. Hölzer, die durch Harze verklebt sind, sind natürlich noch sicherer in Öl.

Harz-Fiberglas-Spulenkörper sind für niedrigere Hochspannungen geeignet, denn sie sind zäh und dadurch stabil. Doch im Trockenbau ist das Verwenden von Harz als Spulenkörper nicht nötig. Man kann sich die ungesunde Verarbeitung der Glasfasern und des Harzes ersparen.

Bei Höchstspannungen kann man nur noch Kunststoffe verwenden, denn sie sind in der Masse dicht, daher wunderbare Dielektrika und enthalten außerdem keine Lufteinschlüsse. Doch sie erfordern gute Schweißarbeiten, denn sie können nicht in allen Fällen geklebt werden. Für den Trockenbau von 20 kV ist Kunststoff allerdings nicht erforderlich.

Sperrhölzer sind also für den Trockenbau völlig ausreichend, denn sie können bis 40 kV problemlos an der Luft verwendet werden.

2.1.4 Schichtenspannung

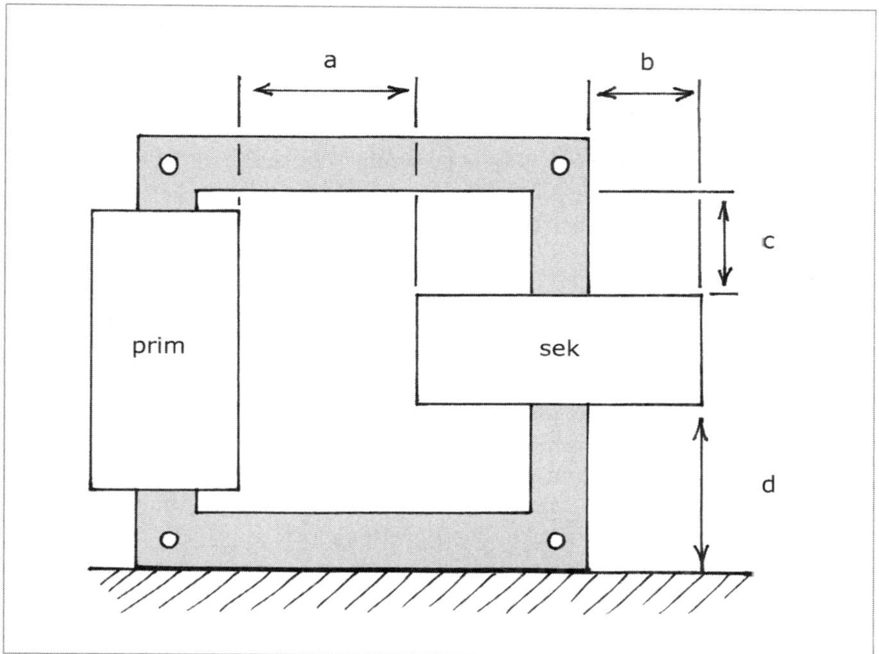

Abb. 2.3: Vier Zonen bestimmen die Gefahrenstellen am Transformator:
a) die Spannungszone zwischen Sekundär- und Primärspule, b) die Zone zwischen dem geerdeten Kern und den äußeren Spulenschichten der Sekundärspule,
c) die Zone generell zwischen Sekundärspule und Kern, und d) die Zone zwischen der Sekundärspule und der Erde selbst.

Um die Spannung auf jeder Schicht so gering wie möglich zu halten, die Spule aber trotzdem so kapital wie möglich aufzubauen, um Platz auszunutzen, muss man abwägen, was für den passenden Kern und seine Maße am optimalsten erscheint *(Abb. 2.3)*.

Dies kann man anhand der Kernmaße leicht errechnen.

Es gibt drei wesentliche Faktoren:

- die Drahtstärke und die Lagenmenge des verwendeten Isolationspapiers. Daraus ergeben sich die maximale Schichtenmenge und die wachsende Stärke der Wicklung nach außen hin (Ausladung).

- die Schenkelhöhe des Kerns. Mit den nötigen Abständen zum unteren und oberen Rand wird die Wicklungshöhe, also die potenzielle Schichtenbreite, ermittelt. Die Bauweise des kompletten Spulenkörpers richtet sich nach diesem Maß.
- die Gesamtspannung aller Schichten zusammen, die sich in der Strecke der oberen und der unteren Zone der Sekundärspule offenbart. Diese Strecke sollte auf die Gesamtspannung abgestimmt sein, sollte also die potenzielle Funkenstrecke des späteren Lichtbogens nicht wesentlich unterschreiten, um einen Überschlag zwischen den Schichten zu vermeiden.

2.1.5 Richtige Erdung der Sekundärseite

Die Sekundärspule wird über eine Herausleitung, z. B. eine Kupferzunge, geerdet. Von der Kupferzunge aus, die in die Spule ragt, beginnt der Draht für die Wicklung. Mit dieser Verbindung vermeidet man einen Durchschlag zwischen Sekundärspule und Kern, wenn z. B. das äußere heiße Ende der Wicklung über eine Elektrode den Kern berühren sollte. Außerdem entsteht eine Korona, die auch ohne direkten Schluss über den Kern zwischen diesem und der Sekundärinnenseite wirkt. Bei einer Sekundärdoppelspule, die in einem Spulenkörper untergebracht sein kann oder aus zwei separaten nebeneinanderliegenden Spulenkörpern besteht, wird die innere Verbindung beider Hälften mit dem Kern geerdet. Beim Drehstromkern sind es drei Sekundärspulen, die in Sternschaltung über den Sternpunkt geerdet werden. Somit ist jede Seite der drei Phasen getrennt zur Erde hin aktiv *(Abb. 2.4-6)*.

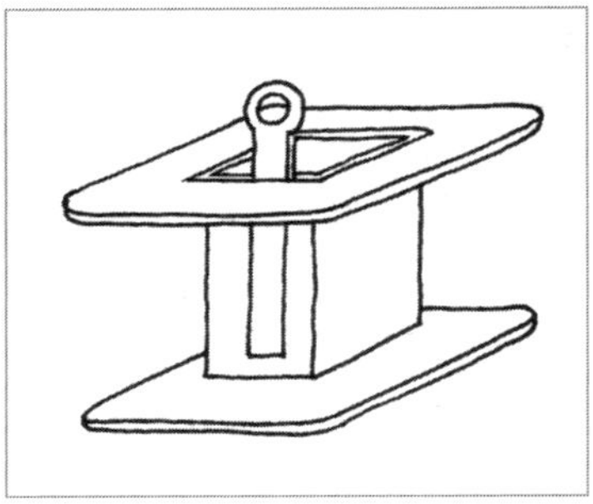

Abb. 2.4: Einfacher Sekundärspulenkörper für niedere Hochspannungen.

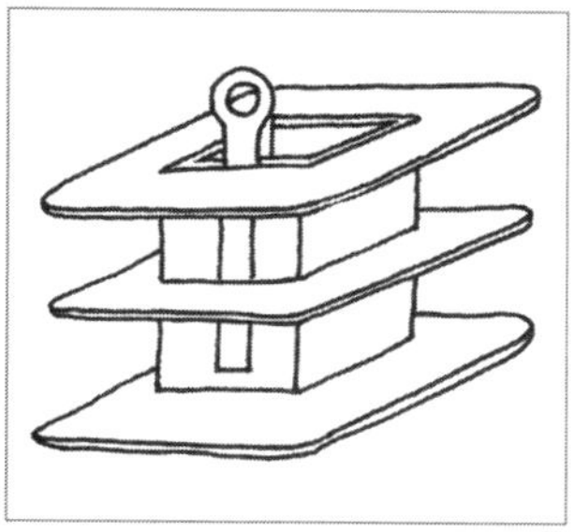

Abb. 2.5: Doppelspulenkörper, zwei Sekundärausgänge in einer Spule.

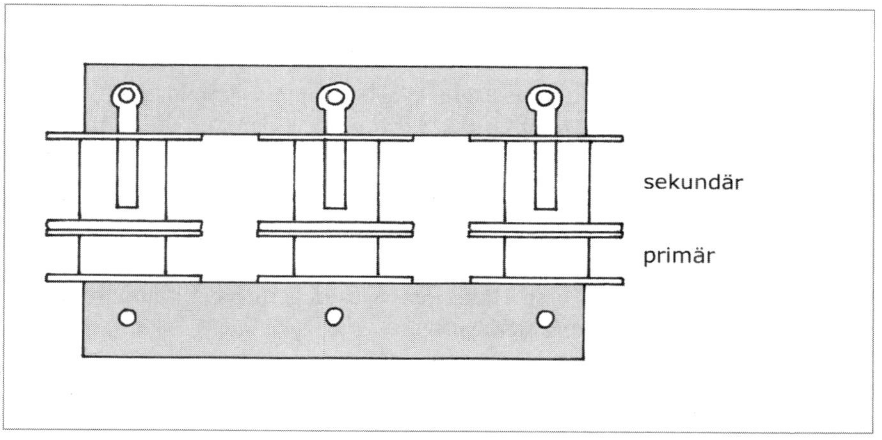

Abb. 2.6: Spulenkörper auf einem Drehstromkern. Sie können einzeln hergestellt, oder im Primär- und Sekundärbereich in einem Spulenkörper untergebracht werden. Jeweils drei Doppelspulen in den Sekundärausgängen sind erdungstechnisch nicht möglich.

Werden Staffelspulen verwendet, also mehrere Spulen nebeneinandergelegt, die getrennt Einzelspannungen zur Gesamtspannung führen, wird die erste Spule mit dem Kern verbunden. Alle weiteren werden mit Abstand zum Kern hin aufgebaut, um einen Sicherheitsabstand zu wahren. Staffelspulen sollten nur für Höchstspannungen verwendet werden, also bei Bauweisen, die nicht mehr ohne Ölisolation auskommen. Bei 20 kV genügt eine einzelne Sekundärspule, die mit dem inneren Wicklungsbeginn geerdet wird. Durch ihre relativ »geringe« Hochspannung muss sie nicht weit ausladend aufgebaut werden. Es entsteht keine hohe Schichtenspannung.

2.1.6 Berechnung des 20-kV-Transformators

Für leistungsfähige 20 kV benötigt man mindestens die Kernnorm EI 300. Aus diesem Drehstromkern kann das Mittelschenkelblatt herausgestanzt werden. Mit Hilfe einer harten Granitplatte als Unterlage kann man das Blech mit einem Hartmetallmeißel gut abtrennen. Man stanzt die Stelle an und bricht sie dann durch Umknicken einfach ab. Wer diese Arbeit scheut, gibt einen Spezialkern in Auftrag: einen quadratischen UI-Kern mit dem Maß 300 x 300 mm. Mit dieser Bauart lässt sich gut eine Leistung von 10 kW herstellen. Der Kern kann auch aus gesonderten Einzelblechen, also »Schenkelblechen« aufgebaut werden. Elektromagnetische Verluste durch mehrere Spalten zwischen den Blechen fallen kaum ins Gewicht. Bei dem Kern 300 x 300 mm hat man eine Schenkelhöhe von 180 mm, die innere Weite beträgt ebenfalls 180 mm.

Als Primärdrahtstärke kann man 3 mm dicken Kupferlackdraht mit 160 Windungen verwenden. Die Drahtschicht wird von Spulenrand bis Spulenrand gewickelt.

Wenn der Holzrand des Spulenkörpers 10 mm beträgt, verbleiben noch 160 mm Wicklungshöhe. Von der Höhe des Spulenkörpers wird noch ein Millimeter abgezogen (es verbleiben also 159 mm), damit er später nicht im Kern klemmt, sondern etwas Spiel hat. Diese Höhe der Wicklung (Schichtbreite) wird nun durch die Größe der Windungsstärke geteilt:

159 / 3 mm = 53 Wdg

Um die volle Windungsmenge zu erreichen, benötigt man also vier Schichten. Als Ausgangsdraht kann man rechnerisch Draht verwenden, der 0,5 A verträgt. Der Sekundärwickelkörper sollte etwas größer bemessen werden als der Primärwickelkörper. Dadurch vermeidet man eine stärkere Erwärmung der Sekundärseite, was bei einer Wachsisolation für Wachsaustritt sorgen kann. Man errechnet die Kupfermassen beider Wicklungen, die sich über die Drahtstärke und Windungslänge ergeben, und vergrößert das Verhältnis der Sekundärseite durch eine leichte Erhöhung. Die Erhöhung der Kupfermasse wird nicht in der Länge bemessen, sondern in der Ausgangsdrahtstärke. Um ein gutes Verhältnis zu erreichen, kann man 0,45-mm-starken Kupferlackdraht verwenden, denn auf dem Kern ist genug Platz, wenn die Wicklung durch eine höhere Drahtstärke an Umfang zunimmt. Es empfiehlt sich, doppellackisolierten Draht zu verarbeiten.

Die Schichtenspannung sollte nicht zu hoch bemessen werden, denn zu hohe Schichtenspannungen können zu Durchschlägen in der Wicklung und Überschlägen über die Randzonen führen. Eine Schichtenspannung kann gut 200 V betragen, also zwei gegenüberliegende 400 V.

80 Windungen mit einer Schichtenbreite von ca. 36 mm erzeugen eine Spannung von 200 V. Bei einer Doppelschichtenspannung von 400 V kann man drei Lagen

Backpapier verwenden. Das Backpapier ist in der Regel um die 0,056 mm stark. Drei Lagen ergeben mit der Sekundärdrahtstärke zusammen 0,618 mm, aufgerundet also 0,7 mm.

Bei einer Ausgangsspannung von 20 kV (20.000 V), benötigt man also 100 Schichten mit je 200 V Schichtenspannung. Die Stärke der Wicklung summiert sich aus 100 Schichten x 0,7 mm Schichtenstärke. Daraus ergibt sich eine Wicklungsstärke von ca. 70 mm (7 cm). Hierbei entsteht ein möglichst großer Spielraum zwischen der Primärwicklung (ca. 12 bis 14 mm) und der Sekundärwicklung (70 mm). Zusammen ergeben die Wicklungsstärken beider Zonen 84 mm. Dazu kommen noch die inneren Wandungen der Spulenkörper, z. B. 5 mm Sperrholz. Das addiert sich zu einem Maß von 94 mm. Die lichte Weite im Kern beträgt 180 mm.

180 – 94 mm = 86 mm Luftstrecke zwischen den beiden Wicklungen – das ist ein ausreichender Abstand zur Vermeidung von Überschlägen.

Technische Daten des 20-kV-Transformators:

Kernnorm quadratischer UI-Kern 300 x 300 mm

Kernstärke 60 mm (Schenkelblattbreite 60 mm)

Eingang: 400 V/25 A

Ausgang: 20.000 V (20 kV)

P = U x I = 10.000 W (10 kW)

Berechnung der Ausgangsstromstärke:

10.000 W / 20.000 V = 0,5 A

Grenzbelastbarkeit Kupferdraht:

1 mm Draht = 0,785 mm^2 = 3,6 A Belastung (Extremfall)

3,6 A / 0,5 A = Faktor 7,2

0,785 mm^2 / 7,2 = 0,109 mm^2

$A = \pi \times r^2$

$r^2 = A / \pi$ = 0,109 mm^2 / 3,1416 = 0,0347

$r = \sqrt{0{,}0347}$ = 0,186 mm

Durchmesser des Drahts = r x 2 = 0,372 mm Drahtstärke

Drahtentlastung durch größere Drahtstärke: 0,4 – 0,45 mm

Gewählte Drahtstärke: 0,45 mm

2.2 Aufbau der Holzspulenkörper

Abb. 2.7 zeigt eine einfache Möglichkeit, aus Sperrholzplatten einen Spulenkörper zu bauen. Mit Holzleim können die einzelnen Teile problemlos und sehr stabil zusammengeklebt werden. Da sich die Klebestellen in Kernnähe befinden, spielen sie in ihrer Leitfähigkeit keine Rolle.

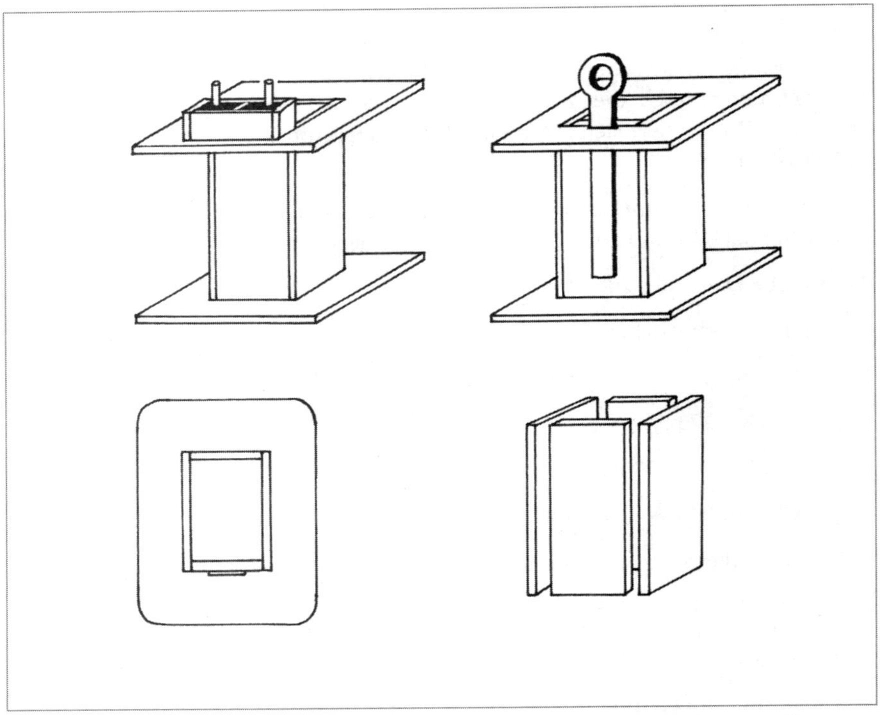

Abb. 2.7: Mit Hilfe von Sperrholz-, Hartfaser- oder Betonplanplatten können diese einfachen Spulenkörper zusammengebaut werden. Betonplan sollte man an den Klebestellen abschleifen, bis das blanke Sperrholz austritt, denn auf der Oberfläche dieses Materials lässt sich durch die abweisende Beschaffenheit nichts kleben.

Wenn die Spulenkörper zusammengebaut sind, können sie bearbeitet, also geschliffen und sogar gebeizt oder lackiert werden. Wenn die Spulenkörper nach Bearbeitung dann völlig ausgetrocknet sind, werden sie weiter bearbeitet.

2.2.2 Der Sekundärspulenkörper

Hier wird die Kupferzunge, die später Erdungsstelle und innerer Drahtbeginn ist, großzügig eingeführt. Sie darf sogar über die ganze Spulenhöhe reichen. In *Abb. 2.8* wird die Zunge mit einem Polyesterharzlaminat aufgetragen und befestigt, denn sie sollte später starr, also nicht mehr beweglich sein, um die Windungen im Innern nicht zu gefährden.

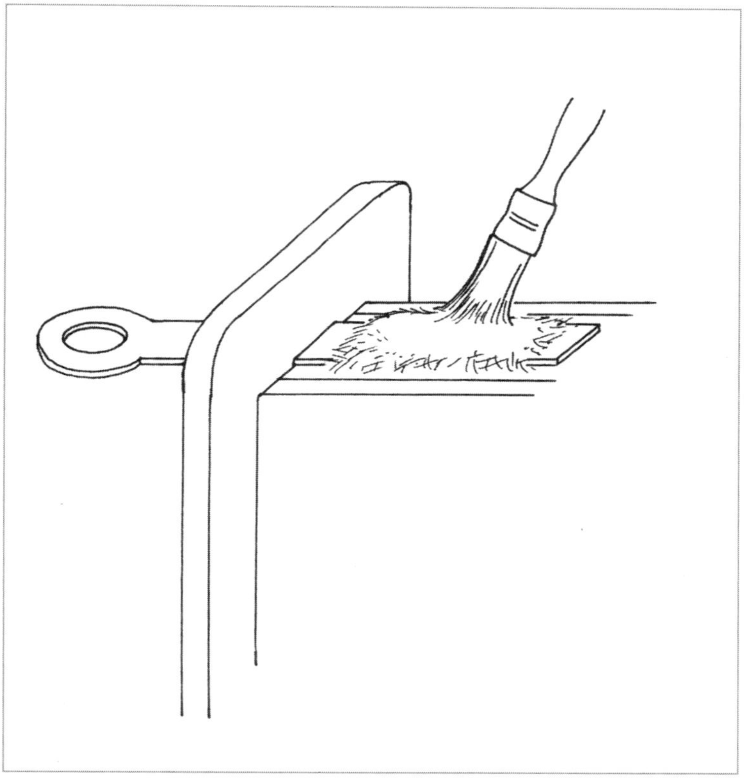

Abb. 2.8: Die Kupferzunge darf nicht beweglich sein, sondern muss starr mit dem Spulenkörper verbunden werden. Am besten eignet sich ein Fiberglas-Harz-Laminat, das stabil aushärtet. Innen an der Zunge lässt man eine kleine Stelle frei, an die später der Kupferlackdraht gelötet werden kann.

2.2.3 Der Primärspulenkörper

Hier gibt es drei Möglichkeiten, die Primärwicklung aufzubauen:

Man kann durch den oberen oder unteren Spulendeckel Löcher einbohren, durch die man die Drähte führt. Das hat den Vorteil, dass die Drähte direkt beklemmt oder belötet werden können. Nachteil ist, dass durch häufige Bewegung die Drähte brechen können. Wenn die Wicklung dann z. B. schon eingeharzt ist, kann man sie praktisch wegwerfen.

Eine gute Lösung ist es, die Drahtenden mit einem flexiblen Draht gleichen Querschnitts zu verlöten, der dann beweglich aus der Wicklung geführt werden kann. Die isolierten Lötstellen sind später starr im Harzbett und daher gut geschützt.

Die ideale Lösung ist das Anbringen von festen Polen auf dem Spulenkörper, am besten auf dem oberen Spulendeckel. Geeignet sind Messing-Gewindebolzen. Wenn man eine Lüsterklemme von ihrer Isolation befreit, kann man sie als verschraubbare Lötmuffe verwenden, in der das Drahtende und der Bolzen vereint werden *(Abb. 2.9)*. Auf die Messingbolzen können dann bequem Anschlüsse über Ösen geschraubt werden.

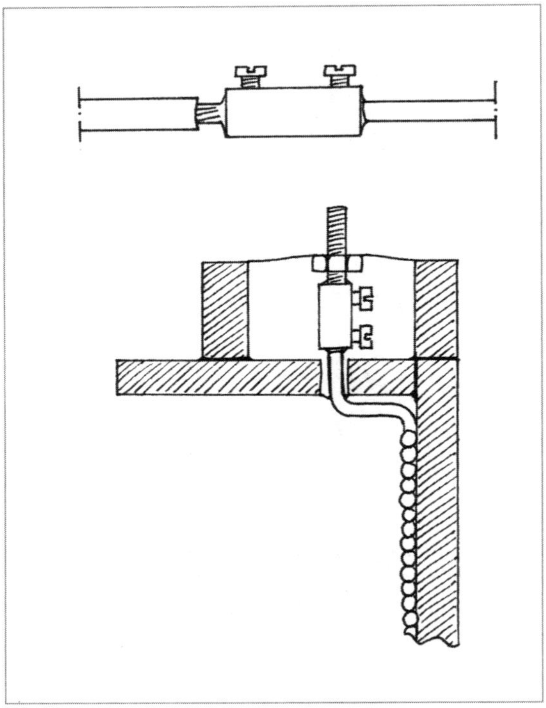

Abb. 2.9: Nachdem die Drähte und Messingbolzen in die Muffe eingeführt und verschraubt wurden, wird die Stelle mit einer Lötlampe sauber ausgelötet. An der Austrittsstelle der Primärspule kann das Ganze so wie in der Abbildung aussehen. Der ganze Bolzenkomplex wird in ein Harzbett eingeschlossen, das man noch mit Quarzsand versetzen kann, um eine außerordentliche Härte zu garantieren.

2.3 Wickeln der Spulen

Mit der Sekundärspule beginnt man am besten, denn sie erfordert die meiste Arbeit am Transformator. In *Abb. 2.10* wird von der Zunge aus gewickelt. Man kann zuerst unten oder oben anfangen, in jedem Fall wird immer hin- und hergewickelt. Zum Rand hin wird ein Abstand gelassen, der dem gewünschten Maß passend zur Spannung entspricht. Hier werden, je nach Aufbau, alle paar Schichten Pappestreifen eingeführt, die als Randsicherungen und Ausgleichsmaterial dienen, um ein Abrutschen der Windungen zu vermeiden. Bei eckigen Spulen braucht man nur acht Pappe-Ecken (vier oben und vier unten). Bei einer runden Spule müssen die Pappen wie Bänder ganz um die Wicklung reichen. In den *Abb. 2.11* und *12* ist der Aufbau mit Papierlagen und Pappestreifen dargestellt. Die Pappe verhindert ein Herausrutschen der Windungen am äußeren Rand. Je nach Drahtstärke und Papierlagenmenge variiert das Maß, das durch die Pappen ausgeglichen werden muss. Bei sehr dünnen Drähten genügt zum Beispiel alle sieben Schichten eine Pappsicherung, bei stärkeren werden es weniger Schichten. Ist die Drahtstärke der Pappstärke gleich, muss jede Schicht mit Pappen gesichert werden.

Bei der Herausführung der letzten Windung auf der letzten Schicht außen wird das Drahtende abisoliert und mit einem flexiblen Draht verlötet. Dabei genügt ein dünner Draht, der im Querschnitt geringfügig größer ist, völlig. Diese Verbindungsstelle wird isoliert und mit Kleber (z. B. Pattex) auf die Drahtschicht geklebt. Der Kleber sollte sehr schnell trocknen und zum Fixieren gut geeignet sein.

Wenn die Stelle fixiert ist, wird die komplette Kupferlackschicht mit Polyester- oder Epoxidharz eingestrichen. Gleich im Anschluss wir aus demselben Harz ein Harzbrei mit Quarzsand, Mehl, Steinmehl oder Ähnlichem angerührt, mit dem man die Stelle dick einbettet. Die Stelle härtet aus und ist stabil. Gleich nach diesem Zustand kann man die äußere Zone noch zusätzlich stabilisieren, indem man die äußere Schicht mit einer Fiberglasmatte und Harz festigt. Das garantiert dann sogar leichte Stoßfestigkeit.

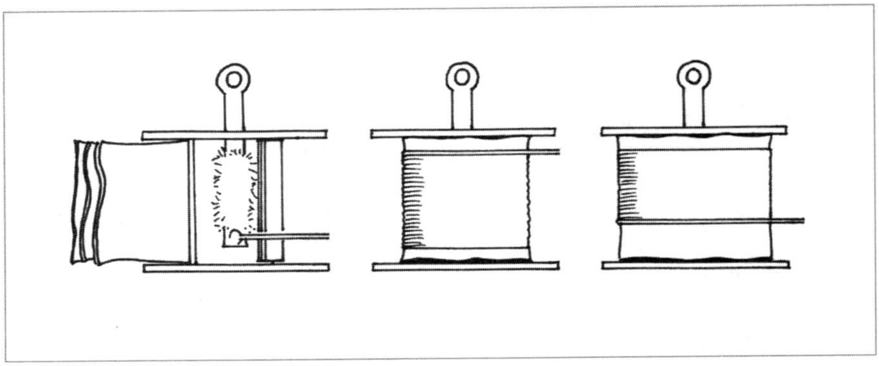

Abb. 2.10: In drei Detailbildern kann man die Entwicklung des Sekundäraufbaus sehen. Der gewissenhaft angelötete Kupferlackdraht wird von der Zunge aus um die erste Papierlage gewickelt (hier 3-lagig dargestellt). Von da aus geht es immer weiter, hin und her, bis zur letzten Schicht.

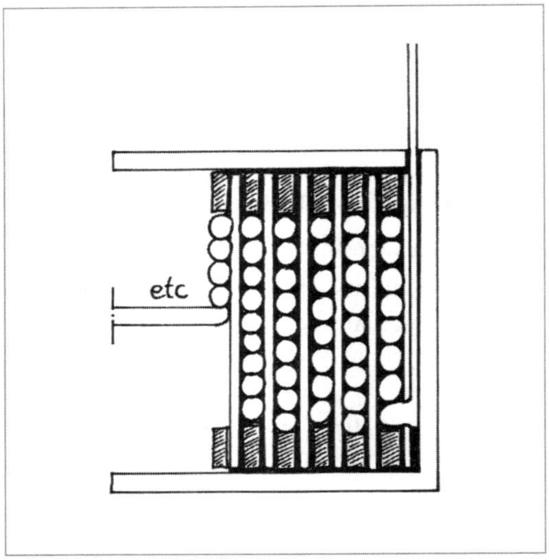

Abb. 2.11: Die Drahtwindungen liegen in die Papierlagen eingebettet und durch Pappestreifen gesichert im Spulenkörper.

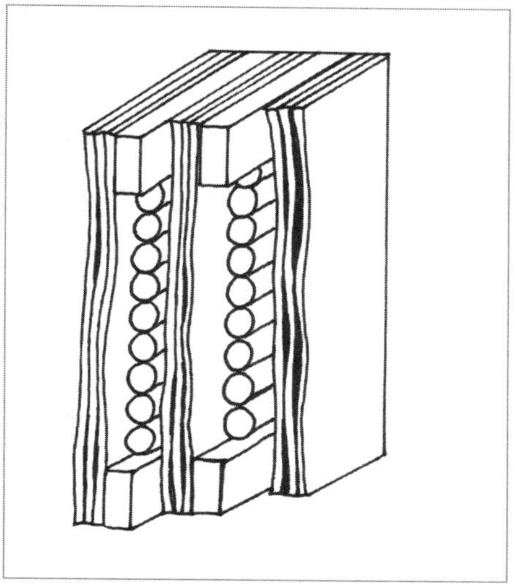

Abb. 2.12: So sollte das Ganze in etwa aussehen.

Kleine Spulen können problemlos gewickelt werden. Es bedarf keiner großen Anstrengung, diese kleinen Gewichte von Hand auf einer Achse zu drehen. Natürlich empfehlen sich bei bekannten Normgrößen Wickelmaschinen, die beim Trafohersteller üblich sind. Bei Spulen mit großen Durchmessern verwendet man am besten eine Drehachse, auf der sie gut in Schwung gebracht werden können, denn sie sind für Wickelmaschinen zu groß. Man kann eine Wickelmaschine, die solche Gewichte dreht, auch selbst bauen. Aber es ist heikel, wenn bei diesen Größen ein Wickelunfall passiert und man den Draht nicht mit der Hand kontrollieren kann. Wenn sich eine große Spule auf der Wickelachse befindet, kann sie sehr schnell mit der rechten oder linken Hand gedreht werden. Die andere Hand führt den Draht vorsichtig zu. Am besten legt man die drahtführende Hand irgendwo bequem auf, um ihr Stabilität zu geben.

Bei großen Spulen mit großen Umfängen entsteht eine solch hohe Drahtgeschwindigkeit, dass die Finger stark belastet werden. An den Stellen, die der Draht passiert, sollte man zum Schutz Pflaster anbringen, denn die Haut scheuert sich hier ab. Die Pflaster schützen auch den Draht, denn durch die Reibung in den Fingern kann er ins Schwingen geraten, was ein Überspringen der Windungen auf andere verursachen kann. Außerdem kann die Reibung auf der Haut zum Drahtabriss führen. Durch ein Pflaster gleitet der Draht ohne Belastung durch.

Je nach Drahtstärke ist natürlich auch die Spannung beim Wickeln entscheidend. Ein 0,1-mm-Draht darf nicht so stark gespannt werden wie ein 0,5-mm-Draht. Beim Wickeln können einige Probleme auftauchen. Zum Beispiel bildet eine Drahtschlaufe an den Fingern plötzlich einen Knoten. Die Schlaufe hat sich unterwegs auf dem Weg vom Fass zur Hand gebildet und konnte durch die hohe

Durchzugsgeschwindigkeit durch die Finger nicht verhindert werden. Es gibt dann zwei Möglichkeiten: Man schneidet die Stelle ab und lötet sie neu zusammen, oder, besser noch, man isoliert die Stelle separat und wickelt einfach weiter. An dieser Stelle herrscht so gut wie keine Spannung und deshalb wird sie später auch kaum elektrisch belastet. Aber der Knoten sollte nicht gegen die anderen Windungen drücken. Er könnte sie bei Betrieb durch eventuell entstehende Vibration aufscheuern. Wenn es zum Abriss kommt, ist Löten die einzige Möglichkeit. Hier sollte darauf geachtet werden, dass die Lötstelle perfekt ist. In einer unsauberen Lötstelle ist keine direkte Verbindung, also möglicherweise ein mikroskopisch kleiner Luftspalt, in dem ein Funken entstehen wird. Dieser schweißt dann die Stelle garantiert durch und die Wicklung ist zerstört.

Ungünstige Zonen sind auch Überlappungen von Windungen, die entstehen, wenn man unkonzentriert arbeitet oder die Spulendrehzahl zu hoch ist. Eine kleine ruckartige Bewegung mit den Fingern, und schon springt eine Windung über die andere. Da der schwere Körper nicht sofort gebremst werden kann (und soll), erhält man gleich mehrere Fehlwindungen. Entweder man wickelt nun die Windungen wieder ab oder man festigt sie mit Harz oder einem zähen Kleber (z. B. Pattex). Da es sich um wenige Volt Spannung handelt, die an einer solchen Stelle wirken, muss durch den Kleber einfach nur ein Scheuern durch Vibration verhindert werden. Später werden solche Stellen noch durch Wachs oder Öl eingelassen und gesichert.

Mit zunehmendem Gewicht der gewickelten Kupfermenge wird die Arbeit zum Muskeltraining, vor allem für Arme und Schultern. Für eine sehr große Spule können viele Stunden vergehen. Da die Strecke des Sekundärdrahts oft viele Kilometer lang ist, wickelt man am besten aus einem großen Drahtfass, das man über den Trafohersteller beziehen kann. Die Drahtlänge kann bis 200 km betragen (eine Strecke von Stuttgart bis zum Bodensee) und durchläuft komplett die Finger. Ohne Pflaster lässt sich hier bei hauchdünnen Drähten nicht arbeiten.

Langsam aber sicher wächst die Wicklung und erreicht die letzte Schicht der bemessenen Zone, wo der flexible Ausgangsdraht angelötet werden kann. Zum Abschluss kann man eine Kupferzunge herausführen, die mit Harz-Quarzsand gefestigt wird, an der eine Leitung gelötet werden kann. Noch besser ist ein Gewindebolzen aus Messing, auf den eine Öse geschraubt werden kann. Auf den Bolzen werden zwei Muttern gedreht, dazwischen liegt die herausgeleitete flexible Leitung aus der letzten Schicht. Das Ganze wird verlötet. Der Bolzenanfang wird anschließend auf der Spule mit einem Harz-Quarzsandbrei gefestigt und vergossen.

2.4 Köcheln im Wachsbad

Bei großen Spulen funktioniert das Köcheln nur in großen Töpfen. Es wird eine Menge Wachs benötigt, das man sich z. B. in einer Kerzenfabrik besorgen kann. Eine weitere Möglichkeit wäre es, in Pfarrämtern nach alten Kerzenresten zu fragen, die oft einen hohen Anteil an Reinwachs haben. In Kerzenfabriken bekommt man günstig Abfallwachs, das farblich etwas verunreinigt ist.

Abb. 2.13 Zeigt den Wachstopf mit der Kochplatte.

Eine gebrauchte Campingkochplatte eignet sich gut, ein alter Waschtopf komplettiert die Ausrüstung.

In der Abb. 2.14 sehen wir den Aufbau der Kochanlage.

Man füllt den Topf so, dass der Spulenkörper, der mit seiner Masse den geschmolzenen Sud verdrängt, den Inhalt nicht zum Überlaufen bringt, und schmilzt das Wachs auf. Auf einer glühenden Platte kann geschmolzenes Wachs wie Petroleum aufflammen. Der ganze Sud kann Feuer fangen. Wenn man feststellt, dass das Wachs schon sehr heiß ist, hängt man die Spule hinein, die sich, durch Holzlatten gesichert, in der Mitte befindet. Würde sie auf dem Topfboden stehen, würde das Holz des Spulenkörpers anbrennen.

Dieser Vorgang sollte in einer windstillen Ecke im Freien oder in einer offenen Garage stattfinden, aus der man alle brennbaren Stoffe zuvor entfernt hat. Ein Feuerlöscher in erreichbarer Nähe ist zu empfehlen. Da das Wachs, besonders bei einer größeren Menge, sehr lange braucht, um heiß zu werden, kann es Stunden dauern.

Wenn das heiße Wachs seine optimale Temperatur erreicht, treten viele feine Bläschen aus dem Holz des Spulenkörpers, größere Bläschen aus der Wicklung und den einzelnen Schichten. Man lässt die Spule etwa eine Stunde gut kochen, bevor man die Platte abschaltet.

Das Wachs, wird bei dem langsamen Abkühlen zähflüssig und zieht sich wieder zusammen. Wenn die Oberfläche des Suds eine dicke Haut gebildet hat, zieht man die Spule vorsichtig aus dem Topf und wartet so lange, bis alles abgetropft ist. Natürlich fließt auch Material aus den Randzonen. Aber diese Randzonen liegen mit ihrer Bemessung im grünen Bereich, so dass durch diese Luftstellen trotzdem keine Durchschläge stattfinden können.

Wenn das Wachs noch warm ist, wird der Spulenkörper gesäubert. Hinterher kann er nicht mehr gesäubert werden, denn das kalte Wachs lässt sich nur schwer abschaben. Das warme Wachs kann sogar mit einem Tuch weggeputzt werden.

Abb. 2.13: Die Spule darf auf keinen Fall den Boden des Topfs berühren, sondern muss frei im Wachssud hängen. Es empfiehlt sich, sie mit Hilfe von Hölzern oder Latten, Draht oder Schnur aufzuhängen.

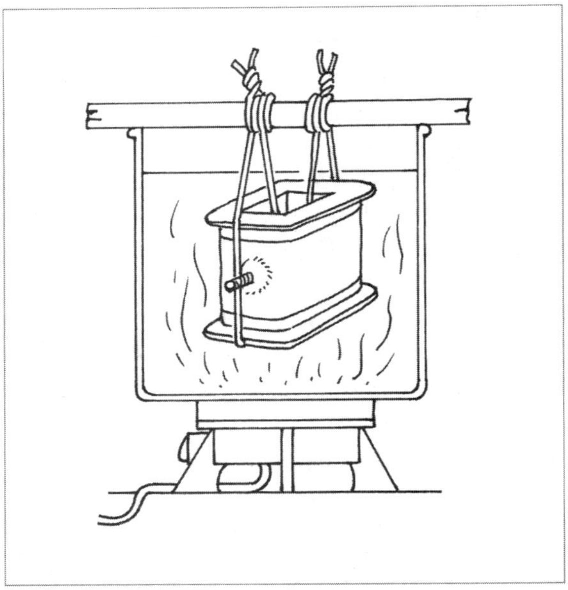

Abb. 2.14:
Aufbau der Anlage

2.5 Aufbau der Peripherie des 20-kV-Transformators

Wie die Zeichnung in *Abb. 2.15* zeigt, kann der Transformator beweglich aufgebaut werden. Auf einer stabilen Grundplatte aus Multiplex oder mehrschichtig stabverleimtem Hartholz, unter dem Bockrollen angebracht sind, ist der Apparat nicht mehr so schwer und kann überall bequem hingeschoben werden. Man hat nun zwei Möglichkeiten, die Elektroden anzuordnen: Entweder baut man sich einen separaten Elektrodenständer oder man befestigt die Elektroden direkt auf dem Trafo. Durch die zweite Variante spart man Stellplatz und die Gefahr, dass man darüber stolpert oder hängenbleibt, ist geringer. Ein Elektrodenständer hingegen hat den Vorteil, dass er von mehreren Trafos verwendet werden kann. Dafür sind allerdings wieder lange Zuleitungen nötig, die immer gesichert aufgebaut werden müssen.

Bei einer einzelnen Sekundärspule, die mit dem Kern geerdet ist, erhält man auch nur eine Hochspannungsphase. Es muss also nur ein Isolator angebracht werden.

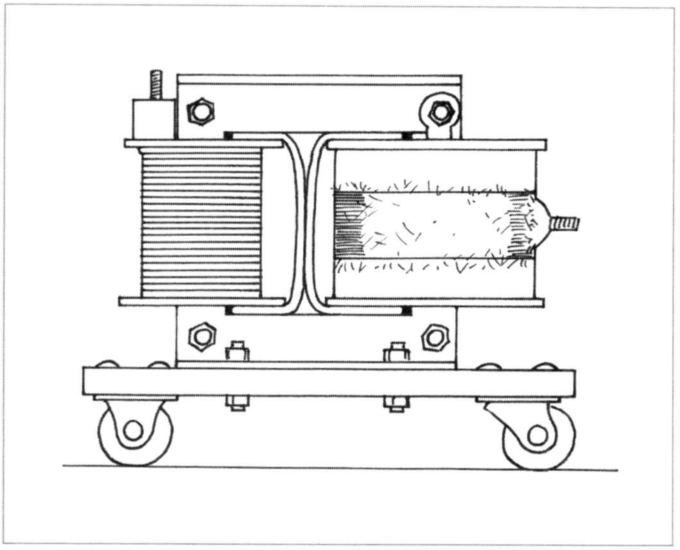

Abb. 2.15: So kann ein »trockengebauter« oder »nackter« Transformator aussehen. Fahrbar auf einer stabilen Platte mit den passenden Bockrollen kann er leicht bewegt werden.

2.5.1 Isolator

Es gibt mehrere Möglichkeiten, zu einem Isolator zu kommen. Die beste Lösung ist, sich einen gebrauchten von einem Strombetreiber zu besorgen. Da diese meist etliche ausrangierte Teile in ihren Lagern liegen haben, bekommt man ihn vielleicht sogar geschenkt. Man kann sich auch einen Isolator aus Kunststoff drehen lassen, das kann aber recht teuer werden. So wie in *Abb. 2.16* kann man den Isolator auf einen der oberen Winkel des Trafos anbringen. Die durch die Pfeile gekennzeichneten Abstände sind groß genug, um Überschläge zu vermeiden.

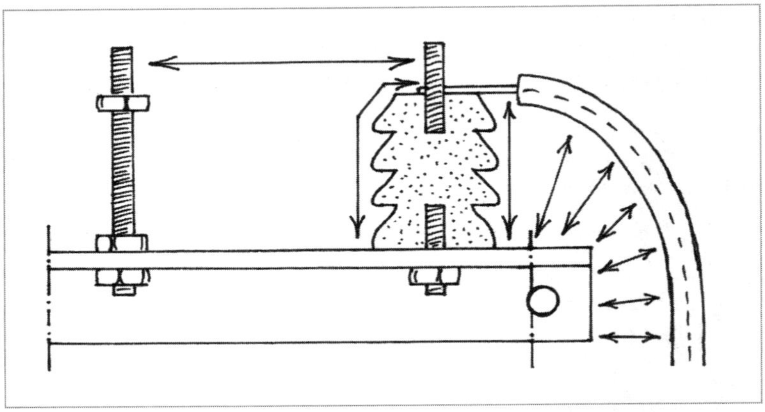

Abb. 2.16: Der Isolator verhindert Spannungsüberschläge in den Kern. Die Pfeile markieren die Gefahrenzonen von potenziellen Überschlägen.

2.5.2 Der heiße Pol

Man kann die Hochspannungsphase auch als »heißen Pol« oder »heißen Leiter« bezeichnen. Sie zu berühren kann Verbrennungen und/oder den Tod zur Folge haben. Auf dem Weg von dem Sekundärausgang bis zum Isolator darf die Leitung mit nichts in Berührung kommen. Der Leiter muss also absolut frei sein. Um diesen Weg zu sichern, verpackt man ihn am besten in zwei ineinandergeschobene PVC-Schläuche aus dem Baumarkt. Wenn sie schwer ineinanderzuschieben sind, fettet man sie vorher etwas ein. In *Abb. 2.17* sind die Gefahrenzonen abgebildet, die immer beachtet werden müssen.

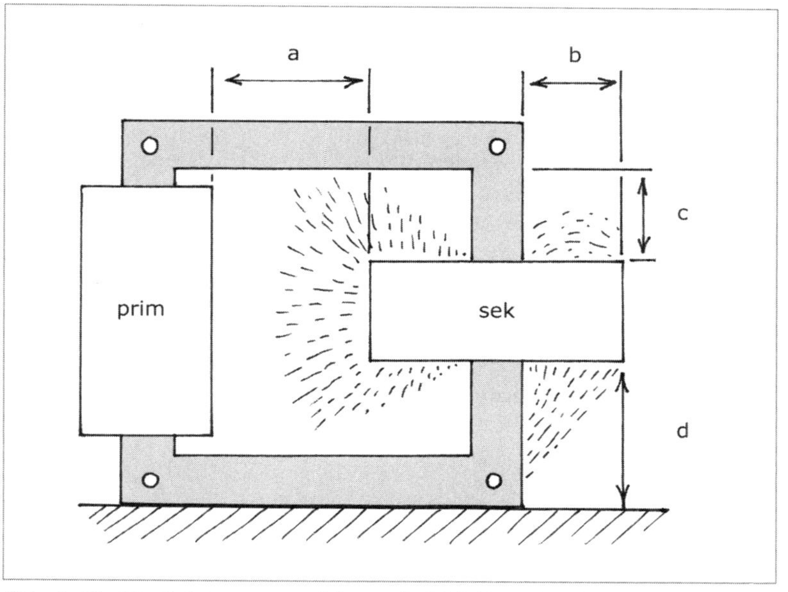

Abb. 2.17: Die Gefahrenzonen können bei falscher Einschätzung der Peripherie der Apparatur großen Schaden zufügen.

2.5.3 Verschraubungen

Verschraubungen allgemein

Für die Verschraubungen sollten generell Messingmuttern und -unterlegscheiben verwendet werden. Kupfermuttern wären ideal, sind aber schwer zu beschaffen. Verzinkte Muttern leiten schlecht. An der Luft kommt es durch Feuchtigkeit zu Oxidationen, wenn Messing oder Kupfer mit Zink in Berührung kommt. Da diese Verbindung zum galvanischen Element wird, oxidiert die Kontaktstelle. Dadurch verschlechtert sich die Leitfähigkeit zusätzlich.

Verschraubungen, die sich in der Öleinbettung befinden, oxidieren nicht und sind daher sicher. Wenn man doch gezwungen ist, verzinkte Muttern an der Luft zu kontern, sollte man sie mit Polfett behandeln. Man kann auch Kontaktspray einsetzen und die Stellen sogar mit Kettenfett versiegeln. Aber das Kettenfett darf nicht dazwischenkriechen, denn es wirkt isolierend.

Kernverschraubungen

Bei verschraubten Kernen ist Folgendes zu beachten.

1. Kerne vibrieren stark im Betrieb und müssen fest verschraubt sein.
2. Die Schrauben oder Gewindestangen, die als Schrauben dienen, dürfen den Kern nicht berühren, da sonst Kurzschlussströme über die verbundenen Bleche fließen. Dem Trafo wird dadurch Leistung entzogen und die Schrauben können sich stark erhitzen.

Für Schrauben gibt es Isolationshülsen, die über die Schrauben gestülpt werden. Sie trennen die besagte Schraube vom Kernblech. Außen werden Kunststoff-Unterlegscheiben oder Epoxidharzscheiben zur Isolation verwendet. Auch die Muttern und Schraubenköpfe dürfen das Elektroblech und die Winkel nicht berühren. Passendes Isolationsmaterial gibt es bei jedem Trafohersteller.

2.5.4 Elektroden

Elektrodenmaterial sollte bestleitend sein. Kupfer, ob Kupferdraht oder Kupferrohr, ist ein geeignetes Material und zudem erschwinglich. Es wird in fast allen Profilen auf dem Markt geführt und kann auf Schrottplätzen günstig erworben werden. Silber wäre natürlich das optimalste Metall, es ist aber sehr teuer und in den gewünschten Mengen schwer zu beschaffen. Messing kommt von der Leitfähigkeit dem Kupfer sehr nahe und oxidiert nicht ganz so schnell. Man kann es in verschiedenen Profilen in Baumärkten kaufen. Auch Aluminium leitet relativ gut, ist aber wegen seines höheren Eigenwiderstands eher ungeeignet. Man müsste die Elektroden dann wesentlich näher zueinander führen. Die Lichtbogentätigkeit einer Jakobsleiter wird dadurch, selbst bei Höchstspannungen, sehr eingeschränkt. Außerdem kann man Aluminium nicht mit Lötzinn löten. Silberstahl, Edelstahl und andere vergütete Edelmetalle, die Eisen oder Stahl enthalten, sind wegen ihrer wesentlich schlechteren Leitfähigkeit ungeeignet. Zwar oxidieren sie in Betrieb nicht so schnell wie Kupfer oder Silber, jedoch sind Verluste deutlich erkennbar, so dass auch hier die Elektroden sehr nahe zueinander geführt werden müssen, was eine schöne Entfaltung des Lichtbogens behindert.

In einem Test, im hier beschriebenen Fall mit einem 20-kV-Transformator, kann man feststellen, wie verschieden sich der Transformator bei unterschiedlichem Elektrodenmetall verhält. Durch die hohe Leitfähigkeit von Kupferelektroden erscheint die Entladung sehr ungestüm und gewaltig, der Lichtbogen zündet und braust in einem grünlich-hellen Licht wie wild umher. Hier muss man die Elektroden so weit wie möglich auseinanderziehen und stellt sie am besten auf 22 mm ein.

Bei Aluminium müssen die Elektroden auf 15 mm eingestellt werden, weil die Spannung sonst gar nicht zündet. Der Lichtbogen ist hellblau, das Brausen fällt aus. Er klettert gemächlich nach oben und verharrt an den oberen Elektrodenenden, wo er wie eine blaue Flamme züngelt, aber wesentlich schwächer als bei Kupfer. Aluminiumelektroden kann man also verwenden, wenn man bei sehr hohen Leistungen kurze Elektroden haben möchte. Aber es wäre unsinnig, nicht das ganze Potenzial zu nutzen.

Wie in *Abb. 2.18* sollte man die Elektroden anbringen. Die Nullleiterelektrode wird mit dem Kern direkt über eine Gewindestande auf dem Winkelblech verbunden, die möglichst aus Messing sein sollte. Gegenüberliegend wird der Isolator auf den gleichen oder den gegenüberliegenden Winkel geschraubt. Diagonal angebracht hat man den größten Abstand der Elektrodenelemente auf dem Transformator. Die Messingstange, die nach gewünschtem Maß zugesägt wird, sollte noch separat mit dem Erdleiter verbunden werden, am besten sogar vom Netzanschluss direkt aus, der auch eine Erdungsleitung direkt zur Kupferzunge führt. So verhindert man eventuelle Kriechströme über minderleitende Zonen wie dem schlecht leitenden Elektroblech. Gewindestange und Isolator sind gleich hoch bemessen. Vermutlich wird man sich nach dem Isolator richten, der schon sein Festmaß hat. Da man bei 20 kV von 20 bis 22 mm Zündabstand ausgehen kann, werden die Kupferelektroden, die in der Abbildung aus Flachkupfer bestehen, wie in der Abbildung gezeigt gebogen. Der Winkel und die Höhe der Elektroden werden durch Experimentieren ermittelt.

Da sich ein Transformator dieser Leistungskategorie sehr energiereich entlädt, sollten die Elektroden zuerst etwas höher beschaffen sein. Erfahrungsgemäß verwendet man zuerst eine Höhe von einem Meter. Man kann die Elektroden auch höher anbringen, z. B. 1,50 m, aber je länger sie sind, desto näher müssen sie wieder zueinander geführt werden, was eine Schwächung der Entladung bedeutet. Das hängt mit der höheren Elektrodenkapazität der Oberflächen zusammen.

70 cm sind für optimales Verhalten sehr gut gerechnet. So wie in *Abb. 2.18* sind die Elektroden einfach zu biegen und formen. Wenn man allerdings Kupferrohr verwendet, sollte man weiches Kupfer wählen, das als Kabelkupferrohr in Baumärkten erhältlich ist. Beim Biegen gibt es unschöne Knickstellen. Man kann also auch Rohrkrümmlinge kaufen, die man mit geraden Röhren verlötet. An den Stellen, wo sie am Isolator und an der Messinggewindestange verschraubt werden sollen, kann man die Röhren mit dem Hammer flachhauen oder man lötet gerade Kupferstege an die Röhren. Wie man die Elektroden gestalten möchte, ist jedem selbst überlassen. Wichtig sind nur die Zündstrecke (f2) und die obere Weite der Elektroden (f1) *(siehe Abb. 2.18)*, die noch ermittelt werden müssen.

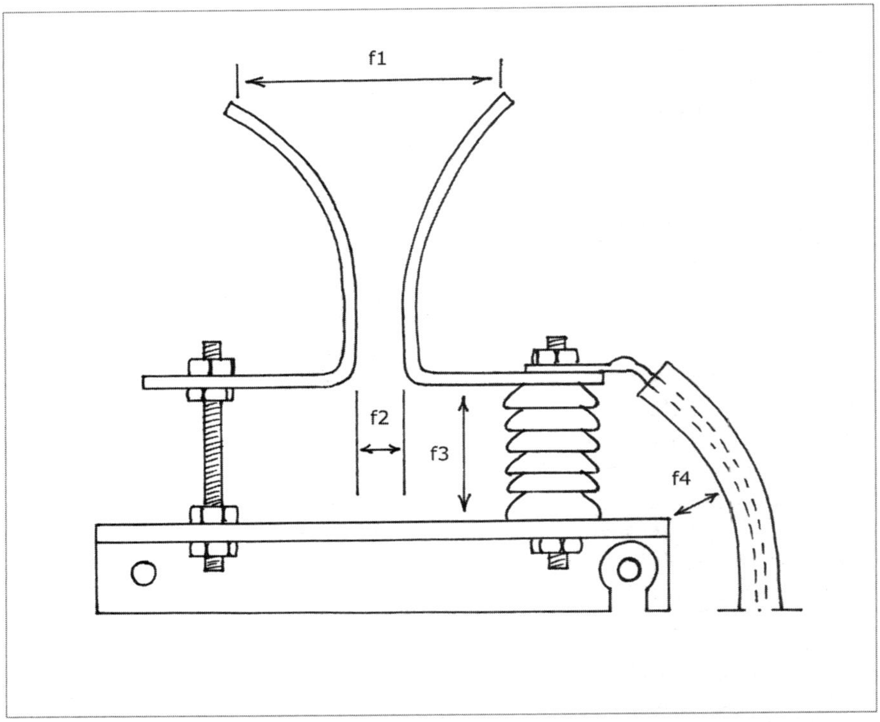

Abb. 2.18: Die Elektroden, die auf dem Trafo angebracht werden, müssen zwei wichtige Eigenschaften erfüllen: Die untere Funkenstrecke (Zündabstand f2) sollte mit der spezifischen Spannung übereinstimmen. Die obere Weitung des Elektroden-Vs wird mit dem Kletterverhalten des Lichtbogens abgestimmt. Ist der Abstand zu groß, reißt der Lichtbogen vorzeitig ab. Ist er zu klein, reißt der Lichtbogen oben nicht ab. Dazwischen findet man das optimale Maß.

3 Hochspannungs-apparatur mit Behälterbau

3.1 Behältermaterial

Wer keinen Kunststoff, der sich als geeignetes Material anbietet, verarbeiten kann, muss auf andere Lösungen zurückgreifen: einen fertig gekauften Kunststoffbehälter oder -tank, einen Vollglasbehälter (kein geklebtes Aquarium) oder einen Holzkasten, der mit Hilfe entsprechender Bearbeitung so gestaltet wird, dass er »öldicht« ist. Verwenden kann man z. B. ein Einschlagfass, eine kleine Regentonne oder einen abgeschnittenen Kanister, der dickwandig sein sollte. Diese Behälter sind in der Regel aus PE, einem sehr langlebigen Kunststoff, sofern er nicht der Sonne ausgesetzt wird. Eine weitere Möglichkeit ist es, in Baustoffhandlungen große Rohre zu kaufen, zu denen es passende Deckelverschlüsse mit Gummidichtungen gibt. Es gibt sie in verschiedenen Kunststoffen, die gut geeignet und stoßfest sind.

Wer das nötige Geld hat und professionell arbeiten möchte, sollte sich einen Behälter nach gewünschten Maßen anfertigen lassen. Mit gut errechneten Behältern kann man eine Menge Öl sparen und der Behälter selbst kann durch seine Beschaffenheit sehr reduziert aufgebaut werden. In Abb. 3.1 ist ein geschweißter Kunststoffbehälter aus PVC abgebildet.

Abb. 3.1: Der Kunststoffbehälter stellt den sichersten Schutz für die Apparatur dar. In ihm kann in der Öleinbettung nichts rosten oder oxidieren, alles ist restlos isoliert, und auch die Geräusche der schwingenden Trafobleche werden in der Ölmasse erstickt.

3.2 Öle

Als Isolationsöle sollte man Mineralöle oder ausgekochte Pflanzenöle verwenden. In einem Versuch mit 15 kV Spannung kann man zwei Sorten Öl auf ihre Festigkeit testen. Mit zwei Elektroden, die in Trafo-Öl getaucht werden, kann man den Risikoabstand finden, in dem sich eine blasenbildende Korona entwickelt, die das Öl aber nicht verbrennt. Gasblasen steigen auf, es kann noch kein direkter Durchschlag stattfinden. Beim Test mit Rapsöl stellt man sogar verbesserte Isolationsfähigkeit fest, selbst wenn es gar nicht ausgekocht ist. Man kann die Elektroden für den gleichen Prüfzustand geringfügig näher zueinander führen, um den gleichen Reaktionseffekt zu beobachten. Allerdings ist das Kriechverhalten, wie es beim Trafo-Öl der Fall ist, etwas träger, da das Rapsöl dickflüssiger ist. Um sich gegen diese Eigenschaft zu stellen, kann man es erhitzen und am besten kochend in den Behälter füllen. Bei Glas als Behältermaterial funktioniert das allerdings nicht.

Man kann sehr gut Pflanzen- mit Mineralöl vermischen, auch wenn die Konsistenzen verschieden sind. Durch ein gemeinsames Erwärmen oder Erhitzen verbinden sich die Öle und werden eins. 60 % Transformatoren- und 40 % Rapsöl in einem Transformatorenbehälter isolieren eine Spannung von 400 kV ohne Risiko.

Auf synthetische Öle sollte man verzichten, denn sie sind sehr teuer und möglicherweise durch ihren chemischen Bestand krebserregender als organische Öle. In der Elektrotechnik werden synthetische Öle eher selten verwendet.

Bei angebotenen Pflanzenölen sollte man darauf achten, dass es wirklich reine Öle sind. In vielen Markenartikeln sind Gewürze, Vitamine und sogar Wasser zugesetzt. Wasser und Salze in Pflanzenölen sind für Apparaturen tödlich. Ein hervorragendes Pflanzenöl ist z. B. das Bonita Rapsöl aus dem Pennymarkt.

Paraffinöl ist ebenfalls ein sehr gutes und reines Öl, das hervorragend geeignet, allerdings aber auch sehr teuer ist. Es sollte nur in kleinen Mengen für kleine Geräte verwendet werden.

Motoren- oder Getriebeöl ist mit chemischen Substanzen behandelt, die sehr aggressiv wirken. Motorenöl löst z. B. verschiedene Gummisorten auf. Solche Öle sind durch ihre chemischen Eigenschaften auch äußerst gesundheitsschädlich.

Petroleum und Lampenöle, die von ihrer Beschaffenheit schon fast wie Kraftstoffe wirken, sollte man nicht verwenden. Sie könnten auf Dauer die Lackisolierung der Drähte angreifen. Durch ihre erhöhte Feuergefährlichkeit können auch sich schnell ausbreitende Brände entstehen.

Wer weitere Öle erforschen möchte, sollte sie in jedem Fall auch mit Hochspannung austesten. Sie sollten

1. frei von chemischen Zusätzen,
2. möglichst kriechfähig,
3. wasser-, salz- und gewürzfrei,
4. ausgekocht und
5. organisch (mineralisch oder pflanzlich)

sein.

3.3 Unterbau des Behälters

Eine harte Holzplatte (Multiplex) dient bei jedem Trafobau als statische Grundplatte und sichert die Apparatur. Darunter sollte man die entsprechenden gewichtsspezifischen Bockrollen anbringen. Beim Anbringen der Bockrollen sind durchgängige Verschraubungen zu verwenden, also keine Holzschrauben, sondern Maschinenschrauben, die auf der einen Seite als Kopf herausragen und auf der gegenüberliegenden mit einer Mutter festgezogen werden können. Ansonsten kann es passieren, dass vor allem die bewegliche Bockrolle, die einen leichten Neigungswinkel aufweist, plötzlich unter der Last herausbricht.

Die Hauptlast, also der Transformator, der den Schwerpunkt darstellt, sollte unabhängig so auf der Platte lasten, dass der Behälter nicht in Mitleidenschaft gezogen wird. Wie in *Abb. 3.2* sollte der Trafo über den Rollen lasten, um den Behälter zu entlasten. Ein belasteter Behälter kann sich verziehen und sogar auseinanderbrechen.

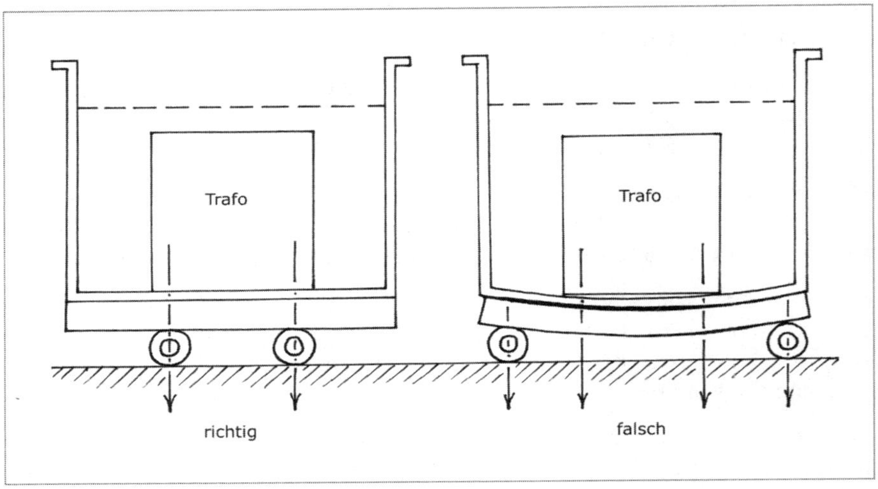

Abb. 3.2: Die Bauweise links im Bild ist optimal. Auf der rechten Seite der Abbildung ist der zu vermeidende Fall zu sehen, in dem der Behälter und die Grundplatte ungünstig belastet werden.

3.4 Kabelzuführung zum Behälter

Der Behälter kann am Behälterbauch angebohrt werden, um Anschlussbolzen einzufügen, die dann, mit entsprechender Abdichtung, als hervorragende Trafozuleitung dienen. Man bohrt die Löcher im Maß des Gewindebolzens, damit er kein Spiel hat. Mit zwei breiten Unterlegscheiben aus Messing, die an der Innen- und Außenwandung liegen, werden die Bolzen mit Muttern so festgekontert, dass sie nicht mehr beweglich sind, wenn die Kabel angeschraubt werden. Vorher muss natürlich alles mit Silikondichtmasse so satt eingeschmiert werden, dass die Masse beim Kontern aus den Unterlegscheiben und aus den Muttern quillt. Das

Ganze muss so fest wie möglich angezogen werden (natürlich können die Stellen im Lauf der Jahre ein wenig schwitzen, aber es läuft trotzdem nie etwas heraus).

Bei selbstverarbeiteten Kunststoffbehältern kann man eine dicke Anschlussplatte an die gewünschte Stelle schweißen, in die dann die Bolzen in der Dichtmasse mit großer Kraft festgezogen werden können. Hier schwitzt dann garantiert nichts.

Bei Holzbehältern werden die Bolzen entweder in Aussparungen gegossen und an ihren Austrittsstellen zusätzlich mit Dichtmasse versiegelt oder die Vergüsse werden durchbohrt und die Bolzen wie im Kunststoffbehälter eingepasst, wo sie dann entsprechend mit Dichtmasse und Kontermuttern versehen werden.

3.5 Teilbehälterbau

3.5.1 Fiberglas-Spulenbehälter für Wicklungen

In den *Abb. 3.3* und *4* sind zwei Variationen zu sehen, wie man die Wicklungen eines Trafos so verpacken kann, dass sich der Kern noch im Freien befindet. Allein die Wicklungen sind durch ihre richtigen Bemessungen in ölbefüllten Behältern untergebracht. Solche Behälter können bis etwa 50 kV verwendet werden. Die Spannung ist nicht hoch genug, um aus dem Behälter heraus in den Kern zu schlagen. Bei höheren Spannungen funktioniert diese Bauweise aber nicht mehr. In *Abb. 3.4* ist der Transformator mit zwei getrennten Hochspannungsphasen in zwei getrennte Spulenbehälter verpackt, die sich gegenüberliegen. Diese Spulenbehälter wurden aus Polyesterharz-Fiberglas hergestellt und mühsam zusammenlaminiert. Eingearbeitete PE-Stutzen alter Benzinkanister dienen hier als Einfüllstellen. Es gibt wie in *Abb. 3.5* zwei Möglichkeiten, Spulen zu verpacken: einmal nur die Sekundärseite (-seiten) oder der komplette Wicklungskomplex, einschließlich der Primärseite. Der Kern befindet sich dabei an der Luft.

Abb. 3.3: 10-kV-Transformator mit einzelner Sekundärspule, die in Behälterform aus Kunststoff errichtet wurde.

Abb. 3.4: 35-kV-Transformator mit zwei Sekundärwicklungen, die sich in zwei gegenüberliegenden Polyesterharz-Fiberglas-Behältern befinden.

Abb. 3.5: Durch die Verwendung von PP-Kunststoff kann man sichere Behälter schweißen. Das Ganze geschieht fast geruchlos. Mit zwei verschiedenen PP-Arten ausgestattet, PPH und eine transparente Variante PP-Natur, kann man den Ölstand gut sehen.

Bei einem Behälterbau wie diesem stößt man auf viele Probleme. Während die Verarbeitung von Polyesterharz sehr geruchsbelästigend ist, fliegen noch Millionen feinster Glasfasern in der Luft herum, die man ohne Mundschutz einatmen würde. Man muss auch die Augen schützen. Beim Schneiden der Glasmatten hat man die Fasern in der Haut, auf der Kleidung und im Haar. Da man den Behälter in zwei Arbeitsphasen aufbauen muss, also den Spulenkörper als Wicklungsfassung und später mit der Wicklung zum Endbehälter, hat man beim Wickeln ständig den Geruch in der Nase. Wenn ein voller Spulenbehälter gebaut wird, der den gesamten Wicklungskomplex beinhaltet, muss man zwei Teile aus dem Laminat aufbauen, die später zusammengefügt werden. Wenn beim Bau ein paar Proportions- oder Maßfehler entstehen, muss das Material noch mühsam bearbeitet werden. Auch der entstehende Staub durch Fräsen, Raspeln, Feilen oder Schleifen ist sehr gesundheitsschädlich.

Zum Schluss muss der laminierte Behälter noch mit einem Brei aus Glasfasern und Harz überstrichen werden, um eine sichere Haut zu bilden. Diese mühselige Arbeit ist aber nicht erforderlich.

3.5.2 Kunststoff-Spulenbehälter für Wicklungen

Diese Bauart ist sehr zu empfehlen, wenn man nur die Wicklungen mit Öl isolieren möchte. Da eine saubere Schweißnaht 100 %ige Sicherheit bedeutet, kann Öl nicht auslaufen. Bei der Verarbeitung mancher Kunststoffe ist die Gesundheit kaum gefährdet, wenn es sich nicht gerade um PVC handelt. Die besten Kunststoffe, die geschweißt einen sicheren Spulenbehälter ergeben, sind PE und PP. Auf die Eigenschaften der geeigneten Kunststoffe wird später noch eingegangen.

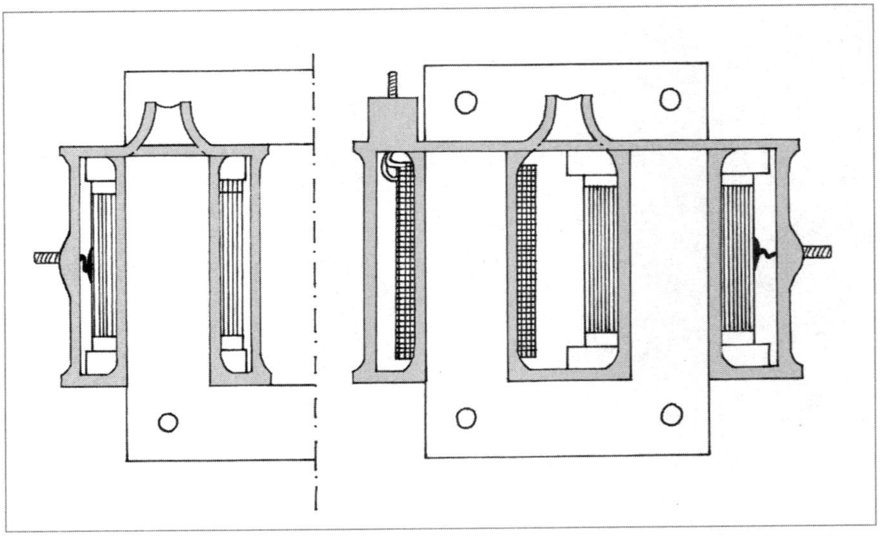

Abb. 3.6: Schnitt durch die Spulenbehälter. Man kann den gesamten Komplex oder nur die einzelnen Wicklungen verpacken. Doch stets müssen in den Behältern auch die Hochspannungszonen der Sekundärseiten durch Lamellen gesichert werden, die den Abstand zum Kern hin vergrößern.

4 Sicherheitsabstände

4.1 Das elektrische Wechselfeld

Zwischen den Elektroden entsteht im Betrieb ein Spannungsfeld – ein elektrisches Feld, das als Überschlagsmedium existiert. Das Feld konzentriert sich zwischen den Elektroden am stärksten, strahlt aber auch in den Umraum, wo sich in weiterer Entfernung geerdete Wände und Gegenstände befinden. Da es durch den Wechselstrom im Wechsel ist, kann man es als *Wechselfeld* bezeichnen.

Bei näher eingestellten Elektroden konzentriert es sich dazwischen stärker und nimmt nach außen hin ab. Bei Weitung der Elektroden verstärkt sich die Wirkung nach außen, bei fehlenden Elektroden ist die höchste Wirkung in den Umraum vorhanden. Die Darstellung ist in *Abb. 4.1* zu sehen. Dadurch wird praktisch alles Leitfähige durch diese Wirkung zu potenziellen Elektroden, also auch der Mensch. Um sich vorsichtig an den Betrieb zu wagen, kann man die Elektroden erst einmal etwas näher zueinander einstellen. Zur spezifischen Zündstrecke wird man dann einen optimalen Wert finden, kurz bevor der Funke nicht mehr zündet. In *Abb. 4.2* ist die Wirkung auf den zu nahe stehenden Betreiber dargestellt.

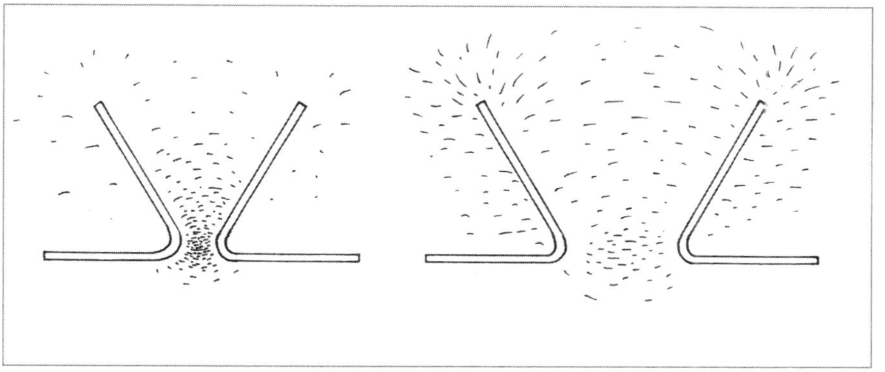

Abb. 4.1: Je näher die Elektroden beieinanderstehen, desto intensiver wirkt das elektrische Spannungsfeld im Medium dazwischen. Dadurch wird die Gefahr im Umraum geringer. Bei Weitung der Elektroden ist die Wirkung nach außen hin wesentlich stärker. Bei fehlenden Elektroden ist sie am höchsten. Wenn man bei fehlenden Elektroden dann zu nahe an der Apparatur vorbeigeht, kann ein Lichtbogen in den menschlichen Körper einschlagen.

Durch die Weitung der Elektroden wirken auch die Risikozonen an der Apparatur selbst aufeinander. Bei schlecht bemessenen Abstands- und Isolationswerten kann es dann zu Über- oder Durchschlägen kommen. Diese Verhältnisse entstehen durch Widerstandsverhalten. Wenn der Widerstand zwischen den Elektroden erhöht wird, sinken die Widerstände in den übrigen Gefahrenzonen in der Apparatur. Bei Höchstspannungen ist das gefährlich. Dort sollte man die Elektroden nicht bis zum Abriss auseinanderziehen, wenn die Apparatur bautechnisch nicht vollkommen risikofrei ist.

4.2 Sicherheitsabstände für Menschen

Grundsätzlich kann man sagen, dass ein Abstand zur Apparatur von einem Meter bei 20 kV ausreichend ist. Erst wenn man mit der Nasenspitze bis etwa 30 mm nahe kommt, wird das Kribbeln des Wechselstroms, noch bevor es zu einem Überschlag kommt, so unerträglich, dass man es nicht mehr aushält. Natürlich sollte die Nasenspitze nicht als Versuchselektrode eingesetzt werden, und überhaupt sollte man den Elektroden oder der Apparatur nie so nahe sein, dass man versehentlich dagegen stößt.

Bei Hochspannungsversuchen sollte der Abstand des Betreibers immer so groß sein, dass man die Vorgänge noch sehr gut erkennen kann. Wenn Spannungen über 100 kV vorhanden sind, sollte der Abstand mindestens 2 Meter betragen, bei Höchstspannungen über 150 kV sollte vom Nebenraum aus operiert werden.

4.3 Sicherheitsabstände in der Apparatur

Die Widerstände, die durch die verschiedenen Wirkungszonen existieren, sollten in den Gefahrenbereichen so hoch wie möglich gehalten werden. Erstens, um die Apparatur zu schützen, und zweitens, um die volle Wirkung an den Elektroden zu erhalten. Stets sollte die Apparatur so gebaut sein, dass die volle Leistung zwischen den Elektroden liegt, auch wenn sie sehr weit voneinander wegbewegt werden. Am besten offenbart sich eine gute Isolierung, wenn die Elektroden weggelassen werden können und der Lichtbogen an den Polbolzen der Austrittsstellen zündet. Dann kann man von »perfekter Isolationstechnik« sprechen.

In *Abb. 4.2* sind die Gefahrenzonen des elektrischen Wechselfelds durch Hochspannung dargestellt, die sich um den Transformator erstrecken. Vor allem bei Höchstspannungstrafos ist dieses Feld sogar über die Nerven der Haut zu spüren, wenn man sich zu nahe an der Anlage befindet. Dies muss in jedem Fall vermieden werden.

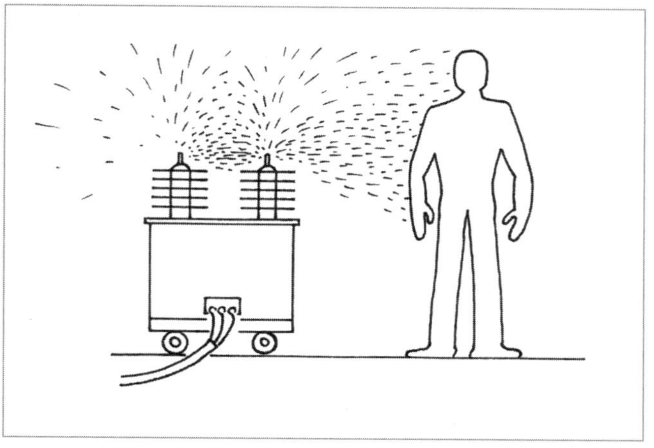

Abb. 4.2: Darstellung der nach außen wirkenden Gefahrenzone.

Das experimentelle Ziel des Erbauers ist, die Apparatur so aufzubauen, dass die Elektroden bis zum Abriss auseinandergezogen werden können. Bei niederen Hochspannungen ist das Problem eines starken Wechselfeldes, das in den Umraum wirkt, nicht sehr gravierend. Bei Höchstspannungen kann man von äußerster Lebensgefahr sprechen. Die Wirkung in den Umraum muss durch Sicherheitsabstände des Betreibers und durch Entfernen leitender Gegenstände zum »harmlosen Nebeneffekt« werden. Man kann die Wirkung des Wechselfelds auch durch eine faradaysche Barrikade oder durch ein geerdetes Gitter für den Betreiber unschädlich machen. Auf faradaysche Schutzvorrichtungen wird später noch einmal genauer eingegangen.

Folgende Eigenschaften gewährleisten ein sicheres Betreiben der Apparatur:

1. Die Sekundärspule sollte so bemessen sein, dass ihre Wicklungsstärke im Schnitt ein Maß besitzt, das selbst in trockenem Zustand einen Überschlag zwischen den Schichten nicht ermöglicht (in der Ölisolierung darf das Maß deutlich darunter liegen).

2. Die Spannung zwischen den Schichten – es liegen immer zwei Schichten gegenüber – sollte so niedrig sein, dass sie im Trockenen nicht durch das Isolationspapier schlagen kann.

3. Die Anwendung eines einzelnen Schenkels als Kern ist in vielen Fällen bei Höchstspannungen durch die Bauweise erforderlich.

4. Alle Zuleitungen, die zum Transformator führen, sollten in gebührenden Abständen an der Apparatur vorbeigeführt werden – vor allem im Behälter selbst.

5. Die Hochspannungsphasen müssen so weit vom Boden entfernt sein, dass ein Überschlag nicht stattfinden kann – auch nicht durch eine Gleitentladung, die bekanntlich etwas länger werden kann.
6. Die Isolatoren sollten reichlich mit Lamellen versehen sein und entsprechend vom Trafo weggeführt werden, damit von der Hochspannungsphase kein Überschlag in die Apparatur stattfinden kann.
7. Der Weg zwischen Trafo und Isolator sollte möglichst gänzlich mit Öl ausgefüllt sein, wenn es die Spannung erfordert.

Sind alle Punkte beachtet worden, können nicht einmal kleine Luftbläschen, die manchmal in Engpässen eingeschlossen bleiben, zur Gefahr werden.

5 Lichtbogentätigkeit

In der *Abb. 5.1* sind ein paar Lichtbögen abgebildet, die durch verschiedene Spannungen entstehen. Damit man auch mit höheren Elektroden experimentieren kann, braucht man eine gewisse Raumhöhe. Bei hohen Elektroden wandern Lichtbögen gemächlicher als bei kürzeren. Oft reißen sie oben nicht ab, denn die Leistung ist erstaunlich. Bei ausgeschaltetem Kellerlicht ist es trotzdem taghell, wenn der Lichtbogen wie eine züngelnde Flamme oben verharrt.

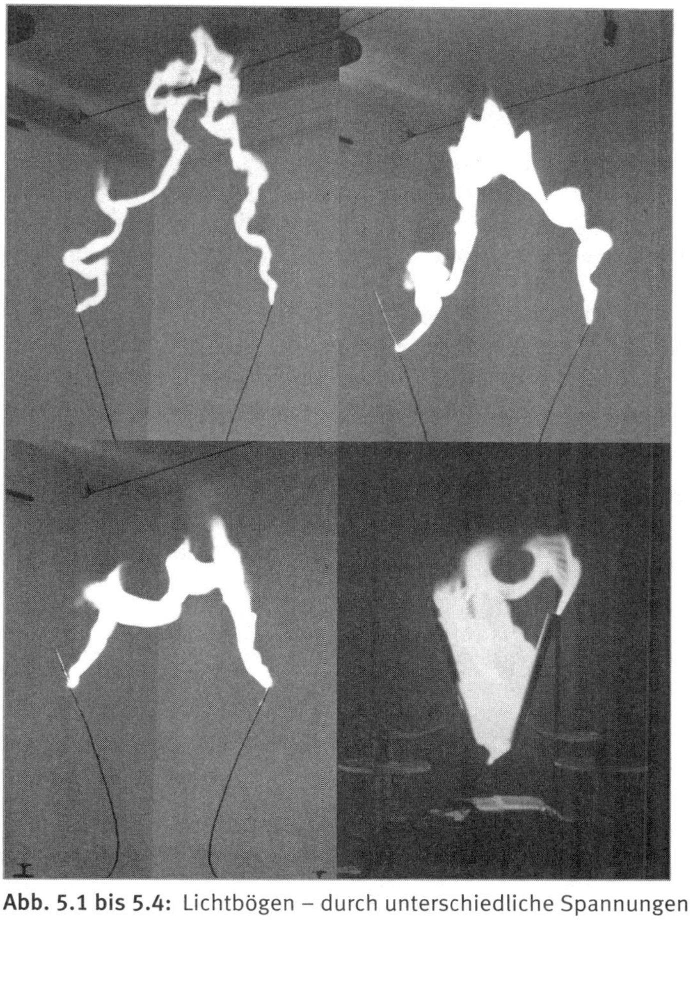

Abb. 5.1 bis 5.4: Lichtbögen – durch unterschiedliche Spannungen entstanden

Mit der Digitalkamera gefilmt können die einzelnen Movie-Sequenzen untersucht werden. Manuell findet man Stellen, die man mit dem bloßen Auge kaum sieht. Zum Beispiel zünden manche Höchstspannungen mit einem stahlblauen Blitzbündel, sogar mit zwei getrennten Blitzen. Dies geschieht meist, wenn die Zündstrecke knapp an ihrer Grenze gehalten wird. Einschläge in die Umgebung, z. B. in die Kellerdecke, sind oft so kurzfristig, dass man sie nur als »Aufblitzen« erkennt. Manuell sieht man einen Einschlagkreis, der in hellem Lichtschein in die Decke eindringt und sich dort noch ausbreitet.

5.1 Elektrodenformen

V-Elektroden sind die meist verwendeten. Sie lassen sich durch einfachste Mittel herstellen und sind in ihrer Form sehr wirkungsvoll. U-förmige Elektroden können verwendet werden, wenn man möchte, dass der Hochspannungslichtbogen an den oberen Elektrodenenden verharren soll.

Kinetische Elektroden sind reizvolle Entladehilfen. Wenn man Elektromotoren als Antriebe auf Polen oder Elektroden verwendet, kann man interessante Erscheinungen erkennen. Durch Rotation entwickelt sich ein Zerreißen des Lichtbogens. Der Wind und die Drehung lassen dann viele Einzelentladungen in Form von Wurzelblitzen erkennen, die willkürlich in die Rotoren überschlagen. Bei der Rotationsentladung kann man einen einzelnen Antriebsmotor oder zwei Motoren verwenden. Bei Drehstrom wären dann sogar drei einsetzbar. Die Rotoren können dann entweder direkt auf den Isolatoren sitzen oder sie werden noch ein Stück weggeführt. Man kann schnelle Rotoren mit hohen Drehzahlen verwenden, oder lange mit niedrigerer Drehzahl. Am besten wäre lang und schnell.

Der Antrieb der Elektromotoren ist durch das Netz nicht möglich, sondern muss über separierte Batterien oder Akkus stattfinden. Da sich Batterie und Motor nicht im elektrischen Stromkreis mit der Hochspannungsphase befinden, sondern die Spannung nur über die Masse wirkt, haben sie keine Auswirkung auf die kleinen Peripherien. In *Abb. 5.2* ist anhand einer Zeichnung dargestellt, wie so etwas beschaffen sein sollte.

Die Funkenstrecke, die sich bei gegeneinander gestreckten Rotorblättern bildet, sollte mit der spezifischen Funkenstrecke der Spannung übereinstimmen. Die Motoren und Batterien sollten außerhalb des Maßes der Funkenstrecke liegen. Bei Höchstspannungen sollten die Rotorblätter wesentlich länger sein. Aber Vorsicht bei solchen Versuchen!

Streuende Hochspannung durch Rotoren kann zu starken Funkstörungen kommen, wenn die Apparatur nicht in einem Keller, sondern im Freien betrieben wird. Wenn der Keller tief genug im Erdreich liegt und die Fenster geschlossen sind, gibt es kaum oder keine Störungen.

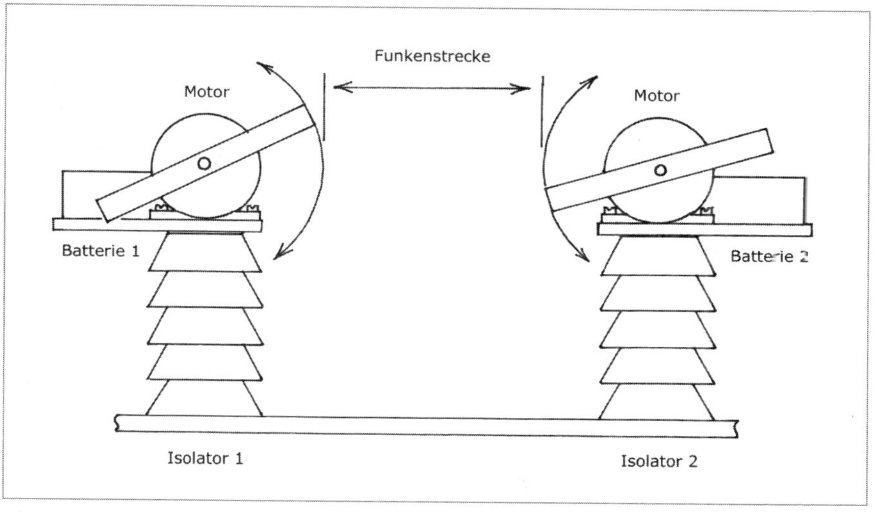

Abb. 5.2: Die Länge der Rotorblätter richtet sich nach der Höhe der Spannung. Große Rotorblätter sind für Höchstspannungen geeignet. Die Rotorblätter können aus Kupferblech geschnitten werden oder aus gelöteten Kupferdrähten bestehen. Selbstverständlich werden die Rotoren vor der Inbetriebnahme der Apparatur eingeschaltet.

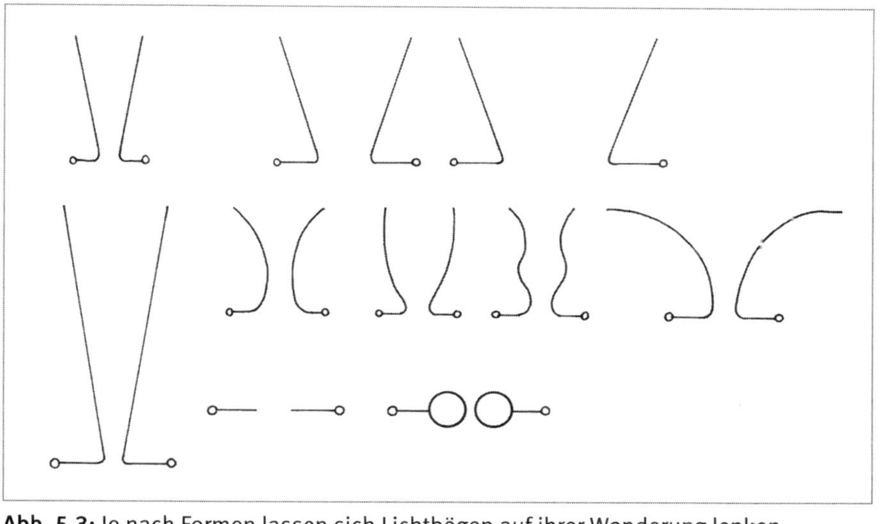

Abb. 5.3: Je nach Formen lassen sich Lichtbögen auf ihrer Wanderung lenken.

In *Abb. 5.3* sind grafische Darstellungen von Elektrodenformen dargestellt, die angewendet werden können.

5.2 Weitere Entladungen

Wenn man zwischen Spitzenelektroden eine Glasscheibe oder eine große Flasche als dielektrischen Widerstand anbringt, wird der Lichtbogen gezwungen, sich durch Gleitentladung in viele wilde Wurzelblitzattacken aufzugliedern. Diese Versuche sind sehr laut und sollten mit Ohrenschützern (erhältlich in Baumärkten) durchgeführt werden. In *Abb. 5.4* sind die Vorgänge anhand einer Zeichnung gezeigt. Natürlich muss man bedenken, dass durch den dielektrischen Widerstand des Objekts zwischen den Spitzenelektroden die Apparatur wieder bis aufs Äußerste isolationstechnisch belastet wird. Bei Transformatoren die nicht absolut sicher arbeiten, können solche Experimente nicht gemacht werden.

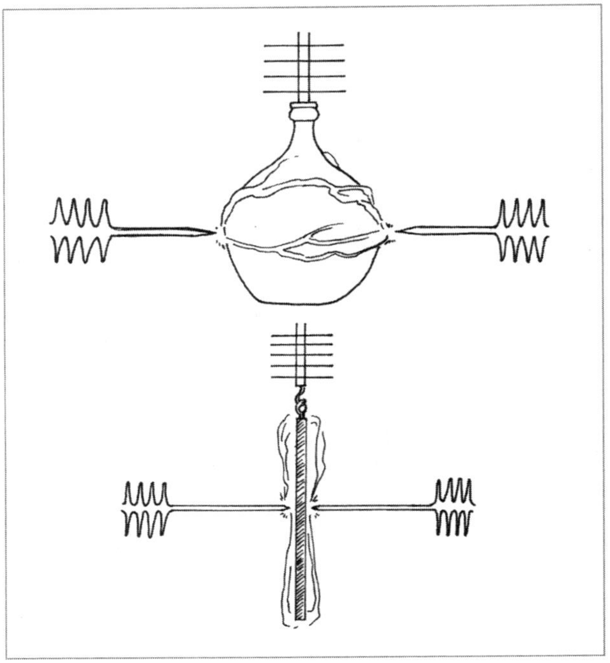

Abb. 5.4: Gleitentladungen lassen sich durch glatte Oberflächen erzeugen. Die Spitzenelektroden sollten aber den dielektrischen Körper nicht berühren, denn im Extremfall wird sogar das Material durchschlagen.

Das Erzeugen solcher Gleitentladungen ist nur mit Höchstspannungen möglich. Um eine sichere Funktion der Apparatur zu testen, sollte sie nach mehreren Betriebsintervallen abgeschaltet werden. Mit einem Blick in den Behälter erkennt man, ob Bläschen aufgestiegen sind. Ist dies der Fall, bedeutet das, dass irgendwo in der Apparatur eine Korona gewirkt hat, die in einer entsprechenden Zone zur Gefahr werden kann. Es gibt dabei verschiedene Stadien.

Abb. 5.5 zeigt drei Grade, wie sich die Korona in der Sekundärwicklung bemerkbar machen kann: die Korona im Vorstadium, Blasenbildung durch die molekulare Erregung des Öls mit unterdrückter Korona kurz vor dem Durchschlag und der folgende Durchschlag selbst.

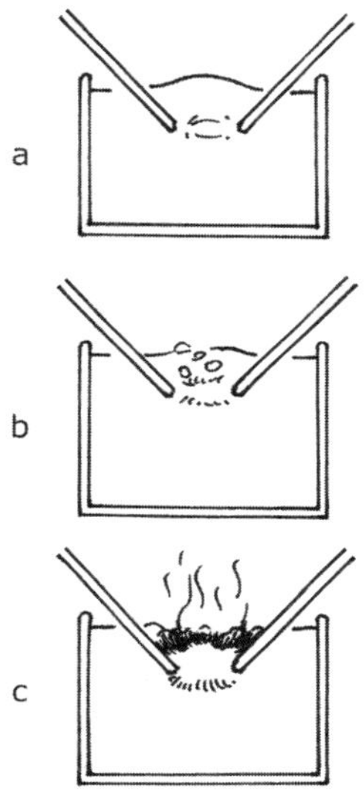

Abb. 5.5: a) Im ersten Stadium sind die Elektroden noch relativ voneinander entfernt, so dass sich noch keine Korona bilden kann. Doch das Öl bäumt sich durch die molekulare Erregung bereits auf. Es würde sich nach längerer Tätigkeit stark erwärmen. b) Im zweiten Stadium entsteht eine Korona, die heftig Gasblasen im Öl erzeugt, aber noch nicht stark genug ist, um die Strecke zu durchbrechen. c) Im dritten Stadium bricht die Spannung durch und es entsteht ein zerstörerischer Lichtbogen, der das Öl verbrennt und die Elektroden verkohlt.

5.3 Elektrodenwiderstand und -kapazität

Wenn hier vom »Widerstand zwischen Elektroden« gesprochen wird, ist damit nicht der rechnerische ohmsche Widerstand, der im Metall wirkt, gemeint, sondern der Oberflächenwiderstand durch die vergrößerte Strecke oder Breite des Elektrodenmaterials.

Natürlich gibt es aus der Logik heraus eine Verwandtschaft zum ohmschen Widerstand, sieht man davon ab, wie sich die Spannung durch verschiedene veränderliche Dimensionierungen verhält. Das folgende Beispiel soll den Widerstand als solches beschreiben.

Viele denken bei Widerstand an eine Barrikade, eine Verengung oder eine Stelle, die mühselig überwunden werden muss. Man kann ihn auch als großen, kräftigen Wasserstrom beschreiben, der in einem Flussbett fließt. Die optimalen Werte ergeben sich aus Wassermasse, Wassergeschwindigkeit und der Größe des Betts.

Diese drei Faktoren sind Elektrizität als Stromstärke, Spannung und Widerstand durch elektronische Reibungsaktivität sowie spezifisches Leitermetall, sie optimieren die Elektrodenkapazität.

Verändert man nun das Flussbett unseres Beispiels, indem man es weitet, fließt das Wasser langsamer und mehr in der Breite. Bei geringerer Wassermenge versiegt das Wasser immer mehr, bis es zum Schluss an der Stelle, an der es gebraucht wird, nicht mehr ankommt, oder wenn, dann spärlich. So verhält sich auch der Elektrodenwiderstand an der Luft, wenn die Spannung an den Oberflächen (»Flussbett«) wirkt. Ist die Spannung zu niedrig, wirken die Oberflächen der Elektroden in unserem Vergleich wie ein übergroßes Flussbett, in dem die Ladung stark geschwächt wirkt. Ist das Flussbett zu klein, der Wasserstrom also zu massiv und zu schnell (VA), werden die Elektroden überfordert. Die Oberflächenwirkung lässt sich auch als Kapazität erklären, denn wie bei einem Kondensator, dessen Platten oder Folien durch Kunststoffdielektrika isoliert sind, sind die Elektroden mit dem dazwischenliegenden Medium aus Luft kondensatorgleich. Vergleichbar ist das Ganze mit Teslaspulen und ihren Abschlusskondensatoren in Form von Hohlkugeln oder Toroiden.

Beim ohmschen Widerstand ist es, als ob eine lange Wasserleitung die Gesamtleistung des durch eine Pumpe beförderten Wassers führt. Wird die Leitung verlängert oder extrem geweitet, geht die Leistung verloren. Das kann, wie bei einem extrem langen Spulendraht, so weit gehen, dass am anderen Ende kein Strom mehr messbar ist. So wie die elektronische Reibung, die in einem Leiter wirkt, wirkt die Reibung des Wassers durch die Adhäsion an der Leitungswandung. Bei extremer Länge verliert sich die gesamte Energie in der Reibungsaktivität. Bei ohmschen Widerstandswerten verschiedener Metalle liegen die verschiedenen Reibungsaktivitäten in den Eigenschaften der Materialien selbst.

Man kann die Kapazität zwischen Elektroden als steigenden und fallenden Wert im Wechsel betrachten. Während bei Gleichstromhochspannung eine Aufladung bis zum höchstmöglichen Wirkungsgrad stattfindet, werden die Wechselstromkapazitäten ständig durch Laden und Entladen geschwächt. Es kann keine vollständige Aufladung der Elektroden stattfinden. Dadurch erkennt man die größere Lebensgefahr bei Gleichstrom, wenn man durch Hochspannung getroffen wird. Die Kapazität wird durch die Elektrodenoberfläche und -länge bestimmt. Die Wirkung der Ladungen sollte durch die Elektroden möglichst optimal erscheinen, damit das Ergebnis der langen Arbeit an der Apparatur auch effektiv ist.

Zu lange Elektroden sind durch ihren hohen Oberflächenwiderstand spannungsschwächend und erfordern ein Verkürzen der Funkenstrecke. Verwendet man große Oberflächen in Form von Platten oder Hohlkugeln, verkleinert sich die Funkenstrecke ebenfalls. Sind die Elektroden zu kurz, werden sie durch die hohe Leistung stark überfordert. Natürlich kann jetzt die Funkenstrecke sehr geweitet werden, aber der Lichtbogen kann möglicherweise aggressiv und unkontrolliert umherflackern, was sehr unangenehm ist. Außerdem werden dadurch die Elektroden stark oxidiert. Mit Experimentierfreude findet man bald die optimalen Werte heraus.

6 Höchstspannungs-transformatoren

6.1 Spulendimensionen

6.1.1 Der Bau der Sekundärspulen

Bei extrem hohen Spannungen müssen niedrige Schichtenspannungen und breit ausladende Spulenkörper geschaffen werden. In *Abb. 6.1* ist die Konstruktion eines Trafos dargestellt, der Höchstspannung liefert, ohne dass es erhebliche Gefahrenzonen gibt. In diesem Fall ist ein freier Schenkel das optimale Übertragungsmedium für die Apparatur. Auch wenn durch diese Bauweise starke Verluste auftreten, also Leistungseinbußen stattfinden, kann man diese Fakten durch starke Primärdrähte und erhöhte Sekundärwindungszahlen ausgleichen, die dann auch vonnöten sind.

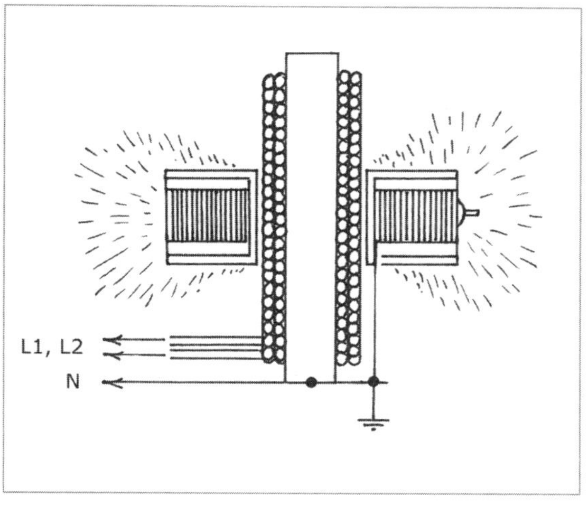

Abb. 6.1: Ein offener Schenkel als Eisenkern ist nicht wie ein Rahmen um die Sekundärspule angeordnet. Dadurch gibt es keine direkten Überschlagszonen für Hochspannung.

Um starke Leistungen umzusetzen, verwendet man besonders starke Schenkel.

Durch die sich nach außen hin weitende Spule werden die sich summierenden Spannungen mit der wachsenden Isolationsstrecke ausgeglichen. Ein Durchschlag wird also praktisch ausgeschlossen.

Schmale Schichten gewährleisten eine niedrige Schichtenspannung, denn die Spannungszonen konzentrieren sich mehr in der Ausladung der Spule. Um die Sicherheit weiter zu erhöhen, verwendet man mehrere Sekundärspulen, die dann gestaffelt übereinander liegen. Jede der Spulen erzeugt einen Teil der Gesamtspannung und ist mit ihrer eigenen geringeren Spannung durchschlagssicher. So eine Spulenanordnung könnte man »Staffelspule« nennen, denn wie in einer Staffel fächert sich die Gesamtleistung auf.

Eine solche Staffel wird in *Abb. 6.2* auf einem Schenkel gezeigt. In *Abb. 6.3* ist eine 4-teilige Staffel abgebildet, die für ca. 200 kV gewickelt wurde. Die Spannung wird durch die Teilspulen in 50-kV-Einheiten aufgegliedert, die in sich durchschlagssicher sind.

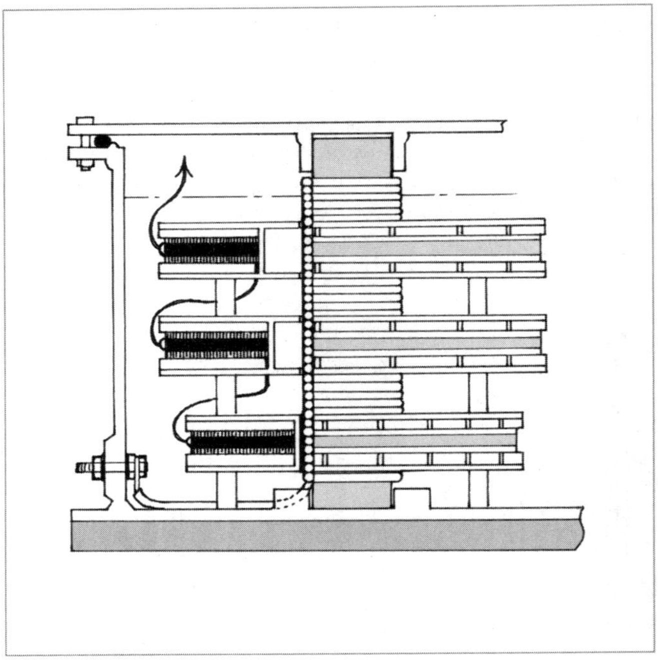

Abb. 6.2: Mit dieser Konstruktion fährt man am besten. Die gestaffelten Spulen verhindern übergroße Spannungszonen der Sekundärwicklung.

Abb. 6.3: Foto einer 4-teiligen Staffel für ca. 200 kV.

6.1.2 Der Bau der Primärspulen

Die Primärspule wird wie in *Abb. 6.3* nahe am Kern angebracht und wird über die gesamte Länge des Kerns ausgebreitet. Durch ihre niedrige Windungszahl ist sie besonders schlank und benötigt sehr wenig Platz. Von breiten Primärspulen, die Sekundärspulen gegenüberliegen, rate ich dringend ab. Durch diese Konstruktion entstehen durch die lenzsche Regel zwischen den Spulen beachtliche Abstoßungskräfte, die den Behälter sprengen können. Des Weiteren wirken sie wie nebeneinanderliegende Überschlagsmöglichkeiten. Durch die überdimensionierte Ausladung einer solchen Primärspule benötigt man wesentlich mehr Primärdraht, was unnötig teuer ist. Eine einzelne Langspule ist in dieser Hinsicht optimal.

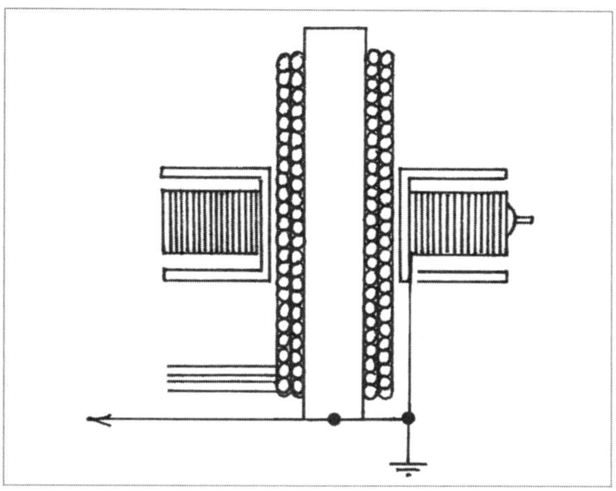

Abb. 6.4: Die Kernnähe schützt die Primärspule vor potenziellen Überschlägen durch die Sekundärspule.

6.2 Schenkelanordnung

6.2.1 Waagrechte Anordnung

Diese Anordnung hat den Vorteil, dass man die Detailspulen vorher einzeln in Wachs kochen kann, um die Wicklung im Vorfeld zu festigen. Ein weiterer Vorteil ist, dass beim anschließenden Ölbefüllen keine Staublasen an den unteren Spulenflächen hängenbleiben. Der Nachteil ist allerdings der, dass die Spulen nicht ohne Wachsfestigung auskommen, denn in querliegenden Schichten entweicht die Luft nicht vollständig, was ein Risiko ist. Durch die waagrechte Anordnung neigen sich die Spulenausladungen zum Boden hin. Die Apparatur muss durch eine große und dicke Kunststoff- oder Glasplatte zusätzlich isoliert werden, um Überschläge, die aus dem Behälter austreten können, zu vermeiden. Diese Anordnung eignet sich auch nur bis zu einem bestimmten Spannungsgrad, denn die Abstände zwischen den Sekundärspulen und der Behälterwandung müssen dabei stark vergrößert werden. Man kann die Apparaturen auch hochbauen, sie auf isolierten Stützen anbringen, die sie vom Boden weiter entfernen. Doch da nähert sich auch schon die Decke als Einschlagmöglichkeit und Störfaktor.

6.2.2 Senkrechte Anordnung

Der Vorteil dieses Systems ist, dass man mit der Staffel von unten nach oben beginnt, wo der Isolator die Austrittszone ist. Hier ist allerdings nur eine Sekundärzone möglich, mit einem Isolator als Hochspannungsphase. Die Detailspannungen der einzelnen Spulen steigern sich mit dem Aufbau in die Höhe, der sich vom Boden weg entfernt. Die Gesamtspannung wirkt dann weit vom Boden entfernt. Diese Variante kann allerdings nicht mit Wachs gekocht werden, denn durch ihre Lage können bei Ölbefüllung später keine Staublasen entweichen. Es können großflächige Luftzonen verharren, die die Wicklungen schließlich zerstören. Bei dieser Bauweise ist es theoretisch möglich, Spannungen bis 1 Million Volt zu erzeugen, wenn der Behälter so gebaut wird, dass viele Staffelspulen als Detailspulen wirken. In diesem Fall sollten sogar zwei Trafos gebaut werden, die sich gegenüberstehen. Die Spulenmenge der Sekundärseiten würde sich auf 20 Stück belaufen, was eine erhebliche Wickelarbeit bedeuten würde. Solche Behälter werden dann wie hohe Zylinder aufgebaut, denn die Hochspannungsphasen müssen weit weg vom Boden sein. In einem Raum ist eine solche Ausstattung nicht mehr möglich. Man bräuchte dazu eine Halle. Doch für die Anfänge in der Bauweise genügt zunächst eine Apparatur von etwa 400 kV. Mit dieser Spannung kann man in einem Keller gerade noch so umgehen, dass es nicht zu größeren Unfällen kommt, sofern man die Technik im Griff hat. In *Abb. 6.4* sind beide Möglichkeiten dargestellt.

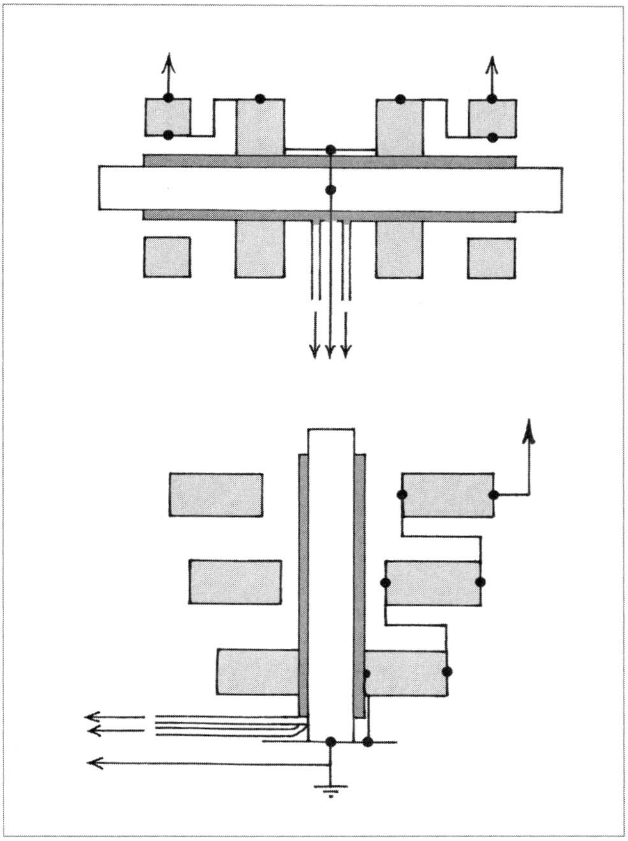

Abb. 6.5: Waagrechte oder senkrechte Staffelanordnungen haben Vor- und Nachteile. Bei waagrechter Anordnung können zwei Sekundärzonen geschaffen werden, also zwei Bereiche mit zwei Ausgängen. Allerdings sollte man nicht mehr als 200 kV erzeugen, die, auf die zwei Seiten aufgeteilt, jeweils 100 kV betragen, wenn man den Apparat am Boden aufbauen möchte. Senkrecht angeordnet kann die Spannungsgröße wesentlich höher liegen.

6.3 Behälterbau

6.3.1 Kunststoffbehälter

Um den richtigen Behälter zu wählen, sollten die baulichen Dimensionen bereits bekannt sein. Grundsätzlich muss die Behälterwandung durch eine Ölstrecke von der Sekundärseite isoliert sein. Für eine dickere Behälterwandung kann die Ölstrecke kleiner sein. Die Abstände sind von der entsprechenden Spannung und der Isolationsfähigkeit des Öls abhängig. Erfahrungen auf dem Gebiet haben gezeigt, dass bei etwa 200 kV eine Ölstrecke von 50 mm vollkommen ausreicht. Aus Sicherheitsgründen sollte man beim Bau einer senkrechten Anordnung von Staffelspulen eine Strecke von 70 mm wählen. Bei solchen Apparaturen kann man nicht vorsichtig und sicher genug kalkulieren. Bei Spannungen von 100 kV oder weniger genügen 30 mm, bei Spannungen unter 40 kV können die Spulen sogar an der Behälterwandung liegen, wenn diese nicht unter 10 mm stark ist. Diese Angaben beziehen sich allerdings nur auf die Ölbefüllung. Diese Abstände gelten auch nicht für Zonen, in denen Elektroden direkt gegenüberliegen. Man muss bedenken, dass die eigentliche Isolationsstrecke schon durch den langen Weg in der Luft festgelegt sein sollte. Die Ölzone zwischen Behälterinnenwand und Sekundärspule ist ein zusätzlicher Sicherheitsfaktor, der diese Luftstrecke unterstützt. Vorsicht kann hier nicht genug walten.

Als Behältermaterial ist Kunststoff ideal. Er ist elastisch, relativ temperaturfest, isoliert bestens und lässt sich, verfügt man über das notwendige Know-how, wunderbar verarbeiten. Folgend werden ein paar Kunststoffe beschrieben:

PE (Poly-Ethylen)

PE ist säure- und laugenbeständig, man kann es hervorragend schweißen und es isoliert sehr gut. Es ist, vermeidet man Sonneneinstrahlung, äußerst langlebig. Allerdings wird es bei steigender Temperatur schnell instabil und dehnt sich stark aus. Es lässt sich nur schweißen und nicht kleben – auch nicht durch Silikondichtmasse.

PC (Polycarbonat, Macrolon)

PC ist sehr edel, aber auch sehr teuer. Da es nur schwer geschweißt werden kann (er kühlt sehr schnell aus), muss es mit sogenannten *Anlösern* geklebt werden. Jedoch ist eine Verklebung im Ölbad völlig unsicher. PC ist für Elektrodenaufbauten oder Peripherie an der Luft bestens geeignet.

PP (Poly-Propylen, PPS = schwer entflammbar, PPH = Industriekunststoff, PP-Natur)

PP ist mit das beste Material für Behälter. Es lässt sich hervorragend schweißen, ist elastisch, und die Ausdehnung bei hohen Temperatur nicht so gravierend wie bei PE. Es kann allerdings ebenfalls nicht geklebt werden – auch nicht mit aggressiven Lösungsmittelklebern. PE, PC und PP werden in der Lebensmittelbranche verwendet und sind daher absolut unschädlich. Sie enthalten keine krebserregenden Weichmacher.

PVC (Poly-Vinyl-Chlorid)

PVC ist ein eher ungeeigneter Kunststoff, der für Kinderspielzeug als bedenklich eingestuft, aber im Großbehälterbau gerne verwendet wird. PVC ist bei der Verarbeitung sehr ungesund, da Salzsäure und Chlorgase frei werden, die die Atemwege gefährden. Als Baumaterial ist es aber recht praktisch, denn es kann geschweißt und geklebt werden. Als Kleber eignen sich anlösende acetonhaltige

Lösungsmittel. PVC hat allerdings den Nachteil, dass es sehr spröde ist. Bei einem Stoß kann der unter Spannung stehende Behälter wie Glas auseinanderspringen, vor allem dann, wenn die Temperaturen niedrig sind.

PMMA (Plexiglas)

PMMA ist ein guter Kunststoff für die Peripherie. Er ist kratzfester als PC und kann mit Plexiglaskleber geklebt werden. Als Kunststoff ist er sehr spröde. Beim Bohren können Stellen ausplatzen, beim Sägen kann er reißen, wenn er sehr dünn ist.

Alle hier genannten Kunststoffe verfügen über eine relativ hohe Lebensdauer, wenn sie nicht der UV-Strahlung der Sonne oder starken Temperaturschwankungen ausgesetzt werden. Wer aufgrund umwelttechnischer Bedenken ganz auf Kunststoff verzichten möchte, kann auch auf andere Möglichkeiten zurückgreifen.

6.3.2 Multiplex- oder Schichtholzbehälter

Ein Holzkasten kann, zusammengeleimt und zusätzlich verschraubt, ein statisch sicherer Behälter für eine Apparatur sein. Um den Holzbehälter abdichten zu können, muss er aus starrem Material sein. In diesem Fall ist mehrschichtiges Sperrholz, das auch unter der Bezeichnung *Multiplex* bekannt ist, am besten geeignet, denn es verzieht sich nicht. Multiplex-Sperrhölzer gibt es mit wasserfester Verleimung, ein weiterer Faktor, der vorteilhaft ist. Doch da der Behälter später noch mit Harz und Fiberglas laminiert wird, ist normalverleimtes Multiplex völlig ausreichend. Der Kasten wird zusammengeleimt und an den entsprechenden Stellen zusätzlich verschraubt. Wenn der Leim ausgetrocknet ist, wird der Kasten innen mit Polyesterharz eingestrichen. Nach Aushärtung wird er nochmals eingestrichen, und dann wieder – so lange, bis an der Oberfläche des Holzes keine ungesättigten Stellen mehr auftreten. Über den letzten Anstrich wird nun nochmals Harz aufgetragen, auf das das Fiberglaslaminat getupft wird. Am besten verwendet man zwei oder mehrere Schichten Glasmatten, um für gute Stabilität zu sorgen. Mit einem Pinsel, der feste Borsten haben sollte, werden die Glasfasern aufgetupft und die Luftblasen durch das Tupfen gleichzeitig herausgeschlagen. Wenn alles ausgehärtet ist, hat man einen absolut dichten Behälter, der zudem auch stoßfest ist. Außen kann man dann das noch offene Holz beizen oder lackieren, um dem Ganzen einen nostalgischen Ausdruck zu verleihen.

6.3.3 Holzbehälter mit innerer Folienauslage

Auch hier wird ein Holzbehälter so gebaut wie in der ersten Version Allerdings genügt es jetzt völlig, die Innenwandungen des Kastens mit gutem Bootslack auszustreichen, möglichst so, dass alles satt abgedeckt ist. Der Kasten wird innen mit einer oder zwei Lagen Silikonteichfolie ausgelegt. Aber Vorsicht: Sie sollte aus einem Stück bestehen und nicht geklebt werden. So wie in den *Abb. 6.5 bis 7* sollten die Behälter beschaffen sein.

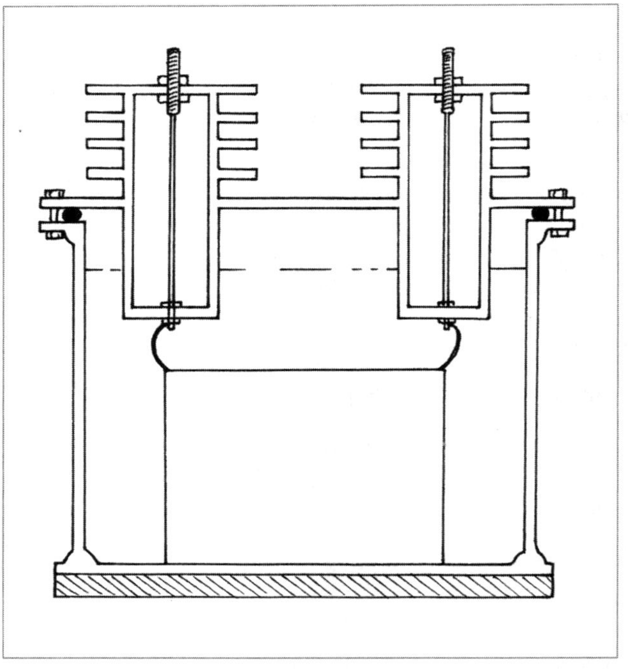

Abb. 6.6: Behälter aus Kunststoff. Ob Rund- oder Kastenbehälter, mit Kunststoff ist fast alles möglich. Hier können Höchstspannungen wirken, die Apparaturen sind sehr sicher aufgebaut. Kunststoff ist ein hervorragendes Dielektrikum.

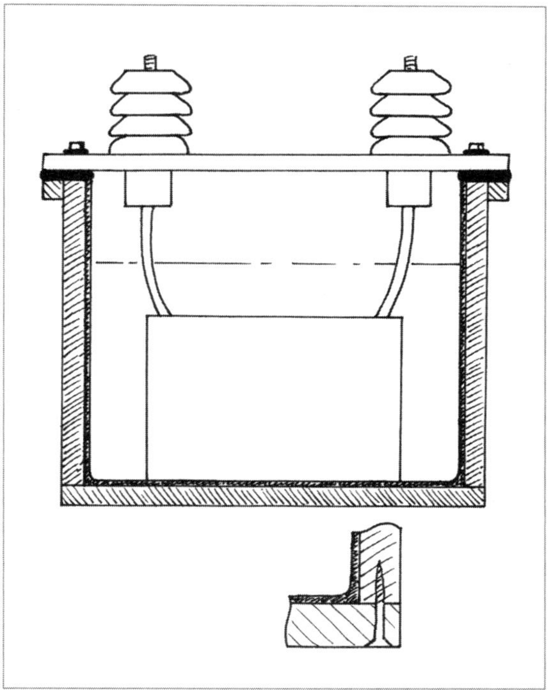

Abb. 6.7: Holzkastenkonstruktionen haben gewisse Nachteile. Sie können nur bis etwa 100 kV verwendet werden.

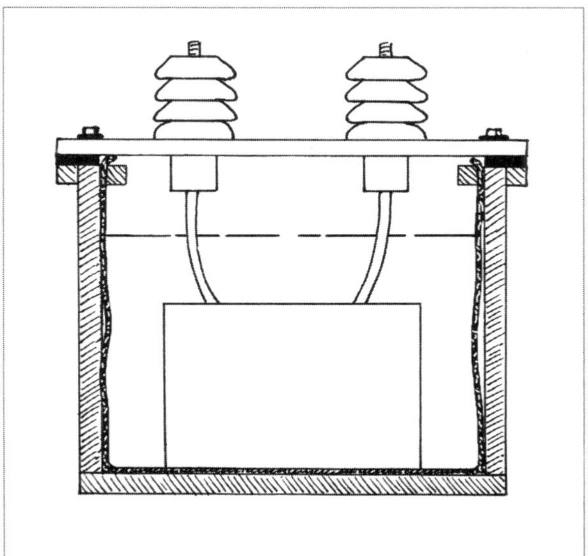

Abb. 6.8: Folien werden in der Tanksanierung alter Heizöltanks verwendet. Sie gewährleisten enorme Langlebigkeit, wenn sie qualitativ gut sind. Hier wird der Holzkasten mit solch einer Folie ausgelegt.

6.3.4 Metallbehälter

Metall als Behälter schirmt zwar jegliche Kriechströme ab, besonders dann, wenn der Behälter geerdet ist, wird aber durch seine Leitfähigkeit wieder zu einer Gefahrenzone für den Transformator. Da der Metallbehälter auch als Kapazität auf die Apparatur einwirkt, kann unter Umständen Leistung vermindert werden. Schwierigkeiten gibt es beim Löten oder Schweißen des Metalls, alles ist umständlich und teuer. In Summe kann man von dieser Variante nur abraten.

6.3.5 Glasbehälter

Vollglas ist sehr zerbrechlich und daher nur in kleinen Dimensionen ratsam.

6.4 Spulenkörper

Um absolute Sicherheit zwischen den Spulen zu gewährleisten, sollten sie aus einem hervorragenden Dielektrikum bestehen. Kunststoff ist hier wieder ideal. Um die Wicklungen in den Spulen durch Abstände zu den Spulendeckeln zu sichern, werden Lamellen eingearbeitet. So fließt Öl bequem an alle Stellen gleichzeitig. Wenn man Holzspulenkörper baut, hat man Einschränkungen in der Spannung. Außerdem müssen dann Lamellen aus Glas verwendet werden, die man festharzen muss. Harz-Fiberglas-Spulenkörper sind wieder aufwendiger herzustellen und für hohe Spannungen ungeeignet. Bei Höchstspannungen sollte Kunststoff obligatorisch sein. In *Abb. 6.8* werden verschiedene Bauweisen gezeigt. *Abb. 6.9* stellt eine Sicherheitsabstandstabelle dar.

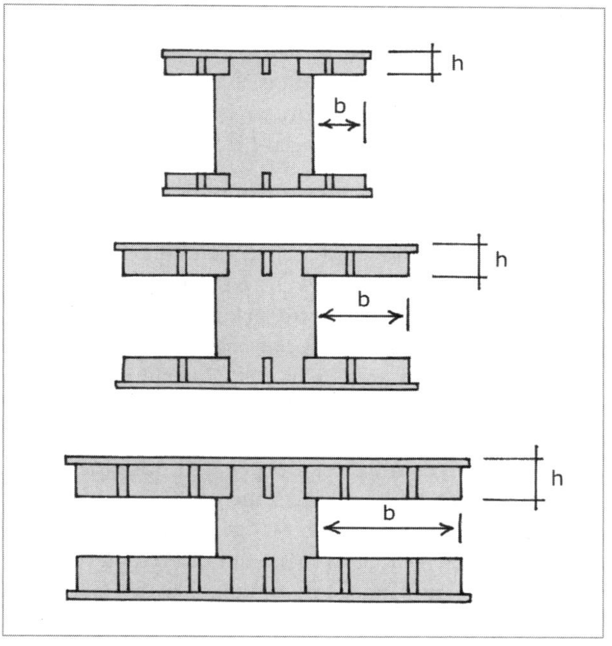

Abb. 6.9: Praktische Bauweisen für verschiedene Spannungshöhen. Die Spannung wird durch die Ausladung der Wicklung, die sich in der Zone (b) befindet, bemessen. Die Höhe (h) der Lamellen ist bei der Sicherung der entsprechenden Spannung zum Kern hin entscheidend.

kV	h in mm	b in mm
20	15	20
40	30	40
100	50	70
150	60	100
200	70	300
400	100	500

Abb. 6.10: Tabelle für ungefähre Abmessungen der Spulenbauweisen.

6.5 Behälterdeckel mit Isolatoren

Wenn der Deckel aus schweißbarem Kunststoff besteht, gibt es beim Isolatorenaufbau keine Probleme, denn die Isolatoren werden mit dem Deckel öldicht verschweißt, sodass sie mit Öl befüllt werden können. Die Isolatoren sind so beschaffen, dass sie in den Behälter hineinragen, sodass die ganze Strecke aus der Apparatur bis nach außen zu den Polen isoliert ist *(Abb. 6.5)*. Ein Kunststoffbehälter mit einem solchen Deckel kann ohne Risiko bis 400 kV belastet werden. Ist der Behälter aus Holz gefertigt, sollte die Spannung niedriger bemessen sein. Bei einer Spannung von 100 kV können die Hochspannungsleitungen mit einfachen PVC-Doppelschläuchen, die ineinandergeschoben wurden, isoliert werden. Allein ihr Abstand in der Luft verhindert schon ein Durchschlagen *(Abb. 6.6 und 7).*

Ein Deckel aus reinem Glas, der in *Abb. 6.10* dargestellt ist, muss von einem Glaser durchbohrt werden. Bohrungen werden für die Verschraubung auf dem Kastenrahmen und als Aussparungen für die Glasflaschen benötigt. Ein Stutzen darf natürlich nicht fehlen. Er ist zum Einfüllen des Öls geschaffen und eine 1-mm-Bohrung in seinem Deckel sorgt für einen Luftdruckausgleich, wenn sich das Öl unter verschiedenen Temperaturen ausdehnt oder schwindet. Glas kann nicht geschweißt werden. Stellen an der Luft, die nicht das Öl berühren, können mit Silikondichtmasse verklebt werden. Ein gutes Sanitärsilikon für den Bau oder Aquariensilikon sind am besten dafür geeignet. Mit der Konstruktion von *Abb. 6.10* sind die Glasflaschen (Isolatoren) geschlossene Körper und mit einer unteren Bohrung versehen, aus der die mit Silikon festgezogenen Gewindestangen herausragen. Oben in der Flaschenöffnung wird die Stange nach der Befüllung mit Kautschuk ausgefüllt und geglättet. Der Stutzen ist eine abgesägte Glasflasche, die schon eine Verschraubung aus Kunststoff besitzt. Da die Glasplatte nicht jeder Gewalt standhalten kann, sollten die Schrauben, mit denen sie aufgeschraubt wird, nicht allzu stark angezogen werden. Im Anhang finden Sie eine Glaserei genannt, die solche Arbeiten verrichten kann. Silikondichtschnur, die als Deckeldichtung verwendet werden kann, bekommt man von Kunststoff-Tiefziehereien. Sie kann mit essighärtender Silikondichtmasse reißfest verklebt werden. *Abb. 6.12* zeigt, wie sie angebracht wird.

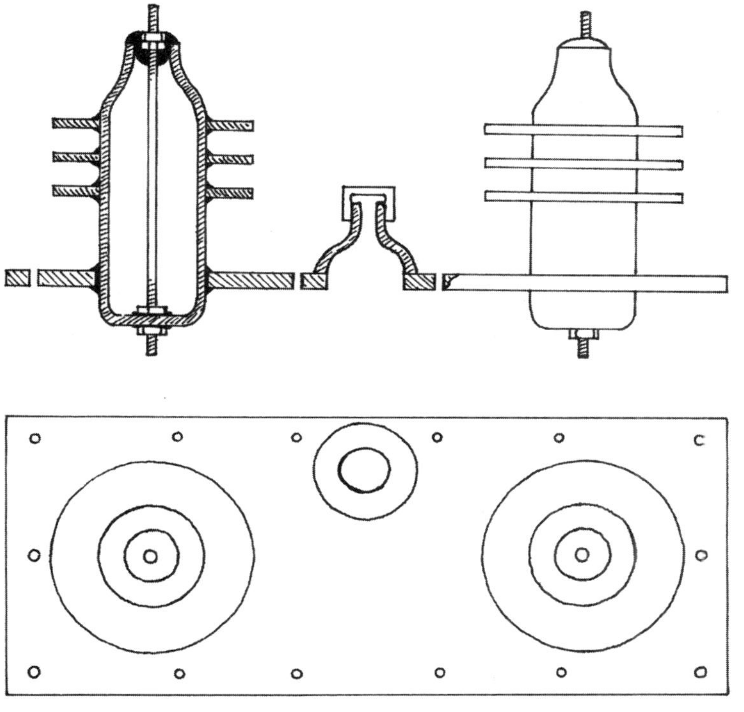

Abb. 6.11: Mit Hilfe von Glasflaschen und Glasscheiben kann man sich einen schönen transparenten Deckel zusammenbauen. Die Flaschen werden mit Öl befüllt und isolieren dadurch besser. Glas kann man sich in Spezialglasereien bearbeiten lassen. Die Lamellenscheiben, die als Isolatorrippen dienen, können auch aus Plexiglas oder PC sein.

Beide Kunststoffe können mit Silikondichtmasse verklebt werden.

6.6 Zuleitungen zum Transformator

Am besten ist eine Verbindungsstelle am unteren Behälterbauch. Von hier aus lässt sich eine sichere Zuleitung ermöglichen, die von der Sekundärseite weit entfernt ist. *Abb. 6.11* stellt verschiedene Möglichkeiten der Verbindung vor.

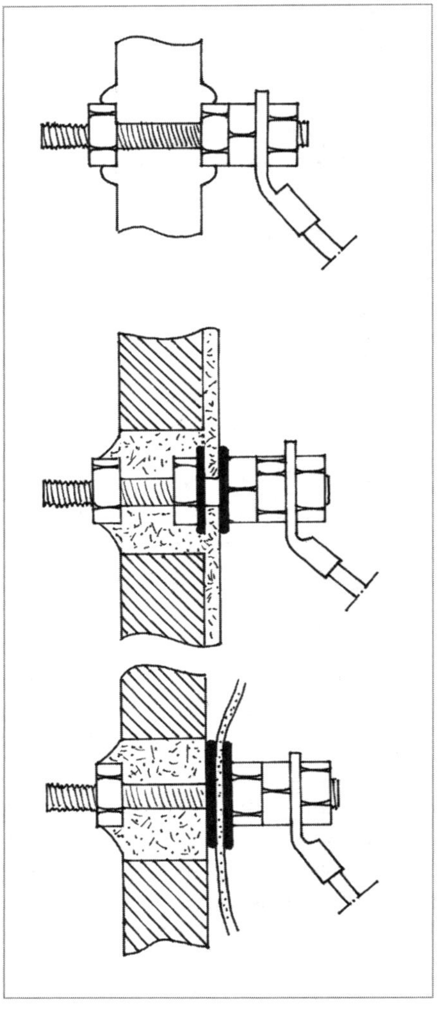

Abb. 6.12: Oben ist eine Kunststoff-Anschlussstelle abgebildet. In der Mitte eine Holzkastenversion mit laminierter Innenschicht aus Fiberglas-Polyesterharz. Unten ist eine Lösung mit der Silikonfolie dargestellt. Auf und unter der Folie müssen an den Verschraubungen Dichtungsringe angebracht werden, die nicht zu stark angezogen werden dürfen.

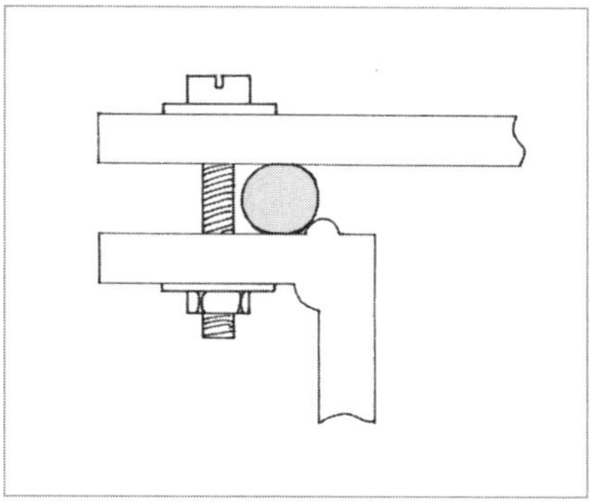

Abb. 6.13: Detail-Ausschnitt einer Deckelabdichtung. Die Dichtung befindet sich innen an den Verschraubungen, nicht außen.

6.7 Ölbefüllung

Um den Trafo-Innenraum optimal zu sichern, wird der ganze Behälter mit Öl aufgefüllt. Der Transformator befindet sich unterhalb des Ölstands. Bei 100 kV genügt es, einen Zentimeter darunter zu bleiben. Bei Spannungen über 100 kV ist es ratsam, alles im Öl zu versenken. In *Abb. 6.5 und 6* sind die erforderlichen Einbettungen abgebildet.

Generell sollte das Öl langsam eingefüllt werden, damit sich keine Blasen oder Schaumkronen bilden. Am besten ist es, das Öl über einen dünnen Strahl über längere Zeit einzufüllen. Heißes Öl ist noch besser, denn es ist dünner und kriecht einfacher durch die Schichten. Der langsame Anstieg des Ölstands gewährleistet ein gleichmäßiges Eindringen über die gesamte Spulenbreite und verhindert Staublasen am effektivsten. Man kann ein Fass auf eine Erhöhung stellen und den Hahn so aufdrehen, dass ein dünner Strahl austritt, der in den danebenstehenden Behälter fließt. Es ist von Vorteil, wenn die Prozedur ein bis zwei Tage dauert.

Wichtig:
Nach der Befüllung kann der Ölstand trotzdem wieder absinken, wenn noch nicht alle Stellen getränkt sind. Nach der Befüllung sollte man drei Monate warten, bevor man die Apparatur in Betrieb nimmt. Nach drei Monaten kann man sicher davon ausgehen, dass alle Luft entwichen ist. Wer seine Arbeit nicht aufs Spiel setzen möchte, sollte diese Geduld aufbringen.

7 Bau eines Dreiphasen-Hochspannungstransformators

7.1 Verschiedene Kerne

7.1.1 Normbleche

Zum Bau eines leistungsfähigen Dreiphasen-Trafos sollte man von der Spannungshöhe abgesehen mindestens einen EI 250 verwenden. 30 bis 40 kV können damit gut erzeugt werden. Da diese Spannungshöhe keine besonders ausladenden Sekundärspulen benötigt, können sie länglicher aufgebaut werden. Ein gutes Verhältnis ist in *Abb. 7.1* dargestellt.

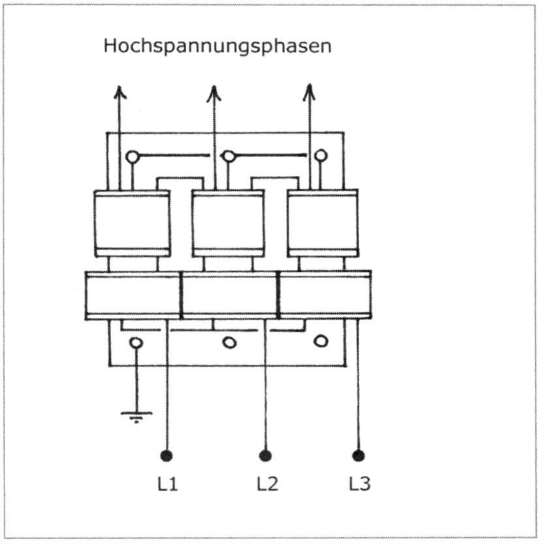

Abb. 7.1: Gutes Verhältnis für den Einbau in den Ölbehälter.

7.1.2 Sonderkerne

Mit Sonderkernen lassen sich besonders gut Höchstspannungen erzeugen. Die Sekundärspulen können nach außen hin geweitet werden.

7.1.3 Offene Schenkel

Bei drei Phasen müsste man drei Behälter bauen, in denen jeweils ein Schenkel sitzt. Die Wickelarbeit ist sehr aufwendig und zeitintensiv. Es wäre aber interessant zu beobachten, wie drei aggressive Lichtbogen knisternd langsam die Elektroden hochkriechen.

7.2 Aufbau der gesamten Apparatur

In *Abb. 7.3* wird anhand einer Zeichnung die komplette Apparatur gezeigt, wie sie für eine Spannung bis 40 kV geeignet ist. Behälterwandung, Ölstrecken und ausgeglichene Spannungsverhältnisse in gefährdeten Zonen müssen wieder gewährleistet sein.

7.3 Aufbau des Elektrodendreiecks

Die Elektrodenhalterungen, die separat einstellbar sein müssen, werden entweder direkt auf die drei Isolatoren gebaut oder auf einer dielektrischen Platte (Glas, Kunststoff), die über den Isolatoren angebracht ist. Eine der Varianten ist in *Abb. 7.2* zu sehen.

Abb. 7.2: Auf eine Glasplatte aufgeklebt befinden sich drei einstellbare Elektroden, die für 40 kV bemessen wurden. In diesem Fall sind die Halterungen aus Holz gefertigt. Ihre Füße wurden lackiert und mit Silikondichtmasse aufgeklebt.

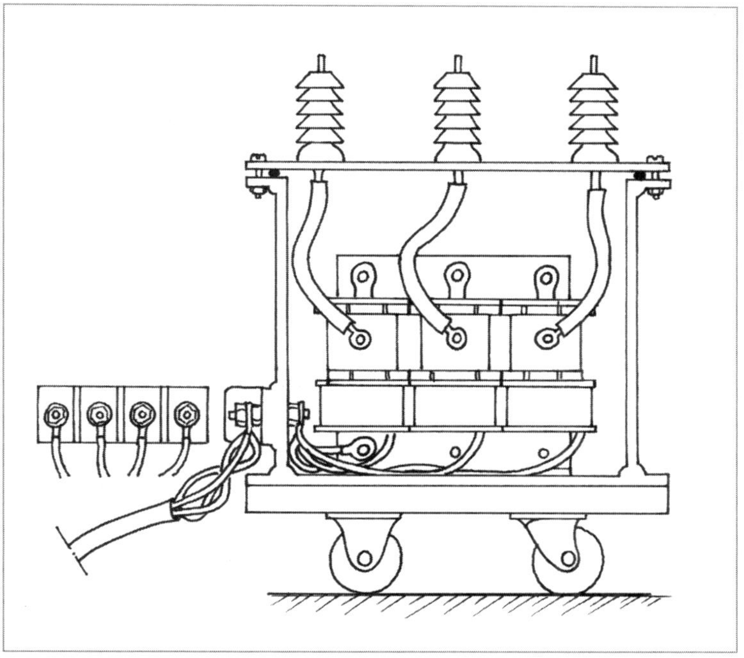

Abb. 7.3: Eine komplette Apparatur, für 40 kV geschaffen. Der hier abgebildete Behälter ist in diesem Fall aus geschweißtem Kunststoff. Die Anschlussstelle ist am Behälterbauch und führt die Zuleitungen zu den Primärspulen.

8 Transformatoren bei der Arbeit

8.1 400-kV-Hochspannungslichtbogen

Technische Daten:

Eingang: 400 V/230 V/ca. 50 A (Vollleistung)/zwei Phasen

Ausgang: 400 kV/230 kV zwei Hochspannungsphasen (zwei Sekundärspulen)

Eingangsdraht: 22 mm^2 Flachkupfer/110 Wdg

Ausgangsdraht: 0,24 mm Kupferlackdraht/ca. 110.000 Wdg

Schichtenspannungen: 2 kV/4 Lagen Backpapier (riskant bemessen)

Transformatorenöl: 60 %

Rapsöl: 40 %

Kern: quadratisch, 100 x 100 mm im Schnitt

Schenkelhöhe: 48 cm

Kernbreite: 46 cm

Behälter: geschweißter PVC-Kasten.

Abb. 8.1: Der 400-kV-Transformator befindet sich in einem ölbefüllten PVC-Kasten. Die Apparatur ist sehr knapp bemessen eingebaut. Durch die extreme Nähe beider Sekundärspulen können die Elektroden bei Vollleistung nicht ganz auseinandergezogen werden, da sonst ein Überschlag stattfindet. Da an den besagten Überschlagstellen Schutzschirme aus Kupferblech angebracht wurden, war die Wicklung zu retten. Bei 230 V im Eingang, also 230 kV im Ausgang, kann man die Elektroden ganz weiten.

Abb. 8.2: Durch die Elektrodenform bleibt der Lichtbogen oben hängen.

8.2 170-kV-Ein-Schenkel-Trafo waagrecht

Technische Daten:

Eingang: 230 V/400 V/ca. 35 A/eine bzw. zwei Phasen

Ausgang: 97 kV/170 kV/zwei Hochspannungsphasen

Eingangsdraht: 2 mm Kupferlackdraht/400 Wdg

Ausgangsdraht: 0,16 mm/ca. 170.000 Wdg insgesamt

Schichtenspannung: 500 V

Staffelspulenspannungen: Staffel links 50 kV + 35 kV, Staffel rechts 50 kV + 35 kV

Trafo-Öleinbettung

Kern: 1 Schenkel/54 cm lang

Schenkelquerschnitt: 60 x 60 mm

Behälter: PPH, geschweißt

Abb. 8.3: Dieser Transformator arbeitet mit einem Querschenkel, auf dem jeweils rechts und links zwei Sekundärspulen sitzen. Die inneren Spulen beginnen am Kern, die danebenliegenden sind mit einem Sicherheitsabstand zum Kern hin aufgebaut. Zusammen erzeugen sie eine Spannung von 170 kV. Die Elektroden können entfernt werden, dann zündet der Lichtbogen sogar an den Polen.

Abb. 8.4: V-Elektroden aus gedrilltem Kupferdraht erzeugen eine beeindruckende Jakobsleiter.

8.3 170-kV-Ein-Schenkel-Trafo senkrecht

Technische Daten:

Eingang: 230 V/ca. 60 A/eine Phase

Ausgang: 170 kV/eine Hochspannungsphase

Eingangsdraht: 18 mm^2 Flachkupfer/160 Wdg

Ausgangsdraht: 0,16 mm/ca. 118.300 Wdg

Schichtenspannung: ca. 680 V

Trafo-Öleinbettung
Kern: 1 Schenkel/50 cm lang
Schenkelquerschnitt: 90 x 90 mm
Behälter: PPH, geschweißt

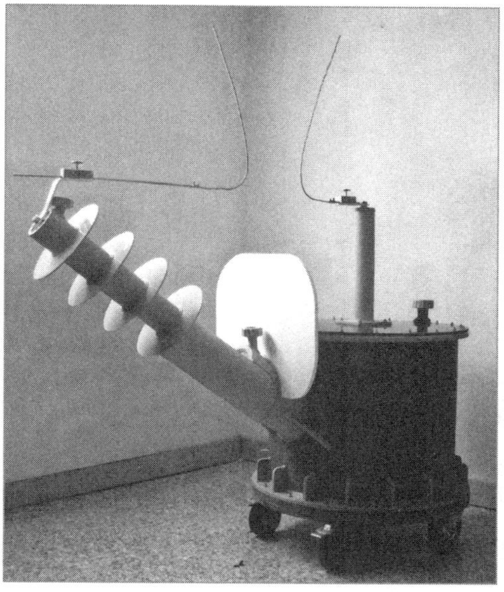

Abb. 8.5: Dieser Apparat erzeugt 170 kV. Ursprünglich wurde er für 300 V konstruiert, konnte aber wegen des starken Stroms nicht mehr mit 63 A betrieben werden, da die Sicherungen versagten. Trotzdem lassen sich mit dieser Leistung noch enorme Ergebnisse erzielen. Eine einzige groß ausladende Sekundärwicklung sorgt für die Hochspannung. Der Sekundärdraht ist etwa 180 km lang.

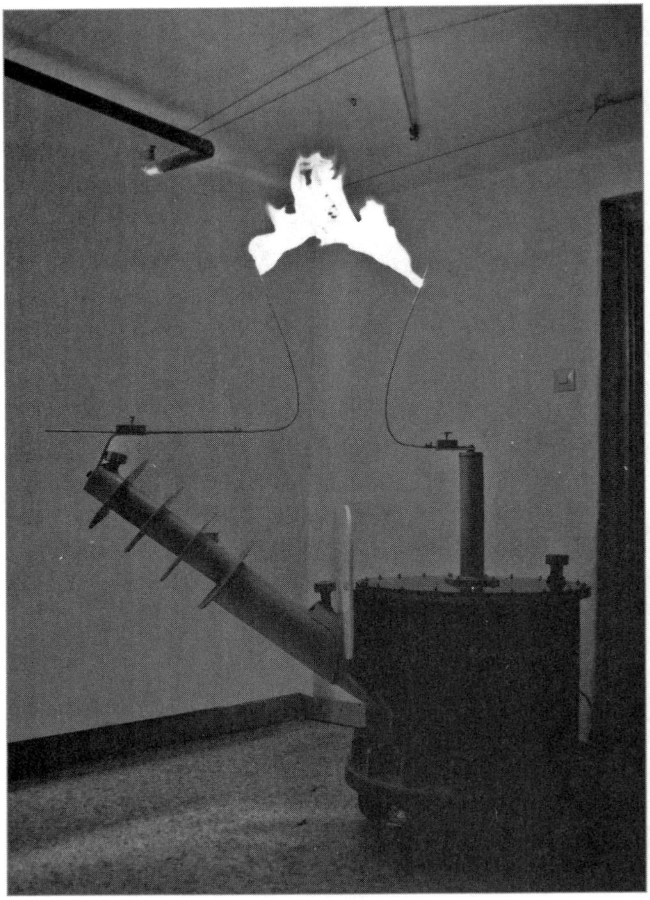

Abb. 8.6: Jakobsleitern wie diese sind in ihrer Erscheinung sehr imposant.

8.4 40-kV-Drehstrom-Hochspannungstrafo

Technische Daten:

Eingang: 3x 40 kV/ca. 62 A/Drei-Phasen-Sternschaltung

Ausgang: 3x 40 kV/drei Hochspannungsphasen

Eingangsdraht: 14 mm² Flachkupfer/3x 140 Wdg

Ausgangsdraht: 0,42 mm/ca. 3x 28.000 Wdg

Schichtenspannung: ca. 350 V

Trafo-Öleinbettung
Kern: UI 350/120 mm Kernstärke
Behälter: PPH, geschweißt

Abb. 8.7: Mit drei Phasen lassen sich schöne Lichtbögen erzeugen. Auf diesem Foto sind die Elektroden U-förmig gebogen, die Lichtbögen verharren also oben. Da der Transformator an der Schmerzgrenze der 63-A-Sicherungen arbeitet, kann die Apparatur nur kurzfristig betrieben werden. Bei Inbetriebnahme entsteht durch die hohe Leistung sofort sehr viel Ozon.

Abb. 8.8: Wie ein elektrisches Feuer züngeln die drei Lichtbögen auf den Elektroden.

9 Faradaysche Schutzgitter

Wer sich beim Testen der ersten selbsterstellten Hochspannungsanlage davor schützen möchte, vom Schlag getroffen zu werden, kann hierfür ein geeignetes geerdetes Schutzgitter verwenden. So wie eine »Spanische Wand« kann man dann ein zwei- oder mehrteiliges ausklappbares Gitter herstellen, das man nach Gebrauch gut verstauen kann. Das Gitter sollte aus relativ feinmaschigem Draht bestehen. Je feiner, also je kleiner die Zwischenräume der Maschen sind, desto sicherer ist die Schutzwirkung. Große Gitter gibt es für Baustellenabzäunungen in Baustoffhandlungen zu kaufen. Man kann sie gut im Freien verwenden.

Ein wichtiger Aspekt ist, das Gitter so kurz wie möglich zu erden. Die Erdleitung sollte am besten direkt zum Transformator und seinem Nullleiter geführt werden, um jegliche verlängerte Strecken auszuschließen.

Ein Experiment mit einer zu langen Erdung erklärt die Notwendigkeit einer kurzen Erdungsverbindung: Experimentiert wurde mit einem 170-kV-Ein-Schenkel-Trafo, dessen Spulenstaffel senkrecht aufgebaut war. Da dieser Trafo mit seiner Bauart nur eine heiße Phase besaß, also eine Hochspannungsphase, musste man ihm eine geerdete Elektrode gegenüberstellen. Also wurde ein Elektrodenständer mit einer Spitze gebaut und das Metallgestell mit dem Nullleiter des Trafos verbunden. Da aber die Leitung sehr lang war, etwa vier Meter, war der Apparatur der Weg offenbar zu lang. Die Hochspannung schlug durch den Arm, Öl trat aus und der PVC-Boden brannte sofort mit einem 50 cm hohen Feuer. Da der Widerstand der Elektroden durch die zu lange Verbindungsstrecke des Stromkreises der Elektroden quasi zu hoch geworden war, offenbarte sich eine Gefahrenzone in der Apparatur und äußerte sich auf diese Art und Weise. Der Arm konnte repariert werden, seine Wandung wurde verstärkt und eine zweite Ölkammer zur Abschirmung gebaut.

Bei einer kürzestmöglichen Erdungsverbindung findet die potenzielle Spannung keinen anderen Weg, um sich zu entladen.

Ein völliger Drahtkasten ist natürlich der allerbeste Schutz, denn er bildet einen Faradaykäfig. Allerdings kann dieser geschlossene Käfig für einige Probleme sorgen, wenn die Anlage schnellstmöglich wegen eines Defekts abgeschaltet werden muss.

Achtung!
Wenn an der betriebenen Anlage plötzlich ein Feuer ausbricht, sollte man nicht die Nerven verlieren. Als Erstes muss die Anlage ausgeschaltet werden, egal wie groß das Feuer ist. Das Besprühen mit Löschmasse aus einem Feuerlöscher kann tödliche Folgen haben, wenn die Anlage nicht ausgeschaltet wurde.

10 Koronabildungen

10.1 Korona

Koronatätigkeiten sind in Wicklungen die größte Zerstörungsgefahr für die Kupferlackdrähte. Durch große Isolationsstrecken und gewissenhafte Isolierung können sie vermieden werden. Komplette Öleinbettungen gewährleisten in der Regel eine Koronaunterdrückung, wenn die bemessenen Abstände zwischen Gefahrenbereichen akzeptabel sind. Ein zu gering bemessener Abstand kann im Öl eine Korona zulassen. Dabei kann sie entweder ewig lange als geschwächter Gasblasenerzeuger agieren und die Wicklung auf lange Zeit hin beschädigen oder es kommt zum Über- oder Durchschlag.

Wenn man im Hochspannungsbereich von Korona spricht, meint man einen Zustand kurz vor dem kritischen Überschlagswert. In diesem Vorstadium äußert sich die Ladung als feiner Sprühfunkenüberzug an den besagten Überschlagsmöglichkeiten. Meist zeigt sich die Korona in bläulichem Ton und einem Zischgeräusch, vergleichbar mit dem Zischen einer Kompressoranlage, die irgendwo eine undichte Stelle hat, aus der etwas Luft entweicht.

Wirkt die Korona bereits an Kupferlackdrähten, wird die Isolation schon in einem gewissen Grad verletzt, so dass keine volle Sicherheit mehr gewährleistet wird. Im Öl macht sich das bemerkbar, indem der beschädigte Draht noch mit festgebranntem schmierigem Ölruß belegt wird. In dem Zustand, in dem die Korona an Elektroden oder anderen Stellen wirkt, wird bereits Leistung aus der Anlage gezogen. Generell entwickelt sich zuerst eine Koronawirkung, unmittelbar bevor der Funke an den Elektroden zündet. Falls eine Korona in einer Wicklung herrschen würde, würde diese Tätigkeit mit dem Zünden an den Elektroden sofort verschwinden, sich aber wieder bei Wanderung des Lichtbogens nach oben neu entwickeln. So etwas muss unbedingt verhindert werden.

Wer sich schöne Koronabildungen ansehen möchte, kann die Entladungen einer Teslaspule beobachten. Mit einem Draht als Abschlusskondensator entstehen schöne zarte Koronablitze, die noch nicht ausreichen, einen langen Blitz zu erzeugen. Diese langen Blitze nennt man auch *Streamer*.

Doch zurück zur Apparatur. Das Zischen der Korona ist sogar noch hörbar, wenn sie nicht mehr sichtbar ist. An den Austrittsstellen, den Polen, kann man deutliches Zischen wahrnehmen. Vermutlich entsteht dieses Zischen durch die Reibungsbewegung der Ionen, die bereits im elektrischen Wechselfeld tätig sind.

Dadurch, dass sie ständig im 50-Hz-Takt hin und hergestoßen werden, kann man sich die Sache erklären.

Aber Vorsicht: Wenn die Elektroden fehlen oder sehr weit auseinander stehen, ist die Gefahr für den Menschen am höchsten. Die Apparatur ist aufs Äußerste strapaziert – nicht wegen ihrer Leistung, sondern weil die Isolation gefährlich strapaziert wird.

11 Bau eines Holzbehälters

11.1 Holzplattenverbindung

Wie schon erwähnt wurde, sind verleimte Holzplatten aus Multiplex sehr stabil und bestens geeignet. Sie werden mit Holzleim verklebt und mit Spax- oder anderen Holzschrauben verschraubt. Durch eine alleinige Leimverklebung wäre eine sichere Stoßfestigkeit nicht gewährleistet. Deshalb dienen die Schrauben wie zusätzliche Armierungen.

Beim Eindrehen der Spax- oder Holzschrauben muss bei Multiplex oder anderen Sperrhölzern ein wichtiger Punkt beachtet werden: Da die Schraube durch die Platte in die Stoßkante der nächsten gedreht wird, muss diese Stelle vorgebohrt werden. Das geschieht natürlich erst dann, wenn der Kasten bereits verleimt ist. Die Vorbohrung sollte, wie *Abb. 11.1* zeigt, etwas kleiner als der Gewindedurchmesser der Schraube sein. Zusätzlich kann man die Bohrung vor dem Verschrauben mit Leim oder Harz füllen. Das Harz hat allerdings den Nachteil, dass es tiefer in die Holzmaserung eindringt und diese dadurch tönt. Leim kann man besser abschleifen, ohne Spuren zu hinterlassen. Das ist natürlich nur dann notwendig, wenn man die Oberflächen des Kastens sauber beizen und lackieren möchte. Wird der Kasten mit Farbe überstrichen, spielt das keine Rolle.

Die Vorbohrung hat den Sinn, dass die Schraube die furnierten Sperrholzschichten nicht auseinanderkeilt, denn wenn die Platten gerissen sind, müsste man die Risse und Spalten mit Harzspachtelmasse ausfüllen und verschleifen.

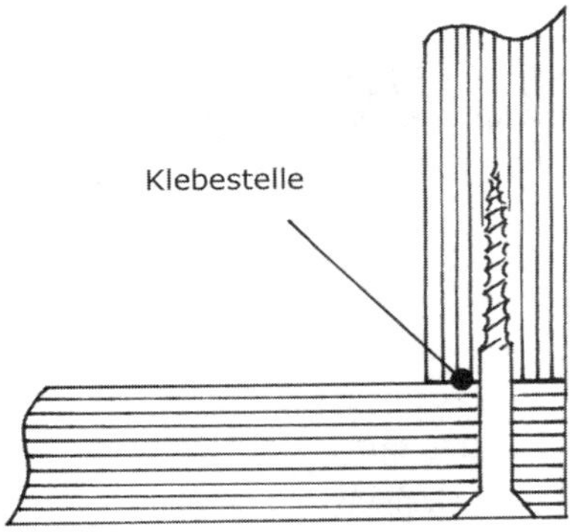

Abb. 11.1: Detailausschnitt, wie ein Multiplexkasten verleimt und verschraubt werden sollte.

11.2 Verarbeitung von Polyesterharz und Fiberglasmatten

Um den Behälter absolut vor Öldurchdringung zu schützen, wird er im inneren Bereich auf der Oberfläche durch mehrmaliges Auftragen von Polyesterharz oder Epoxidharz gesichert. Dabei ist es wichtig, dass man, wenn man sich für eines der beiden Harze entschieden hat, immer wieder dasselbe Harz verwendet, um eine Verbindung zu gewährleisten. Dabei sollte man bedenken, dass Epoxidharz wesentlich gesundheitsschädlicher ist, obwohl sein Geruch nicht ganz so streng ist. Polyesterharz riecht sehr unangenehm, wenn man viel davon verarbeitet, ist aber nicht ganz so giftig bei der Verarbeitung.

Da Polyester den Vorteil hat wesentlich schneller auszuhärten, selbst wenn man mit Härter sparsam umgeht, ist dieses Harz in der Verarbeitung unter freiem Himmel das besser Geeignete.

Zur Verarbeitung im Kasten:

1. Die innere Oberfläche des Kastens wird mehrmals mit Harz eingestrichen, immer dann, wenn die vorherige Behandlung fast ausgehärtet, der Aufstrich an der Oberfläche noch etwas klebrig ist. Beim Auftragen der nächsten Schicht ist die Verbindung sicherer gewährleistet, während auf einer völlig ausgehärteten und trockenen Harzoberfläche dies nicht mehr hundertprozentig der Fall ist.
2. Wenn die Maserung der Oberfläche des Holzes kein Harz mehr aufnehmen kann, also gesättigt ist, beginnt man mit der Laminierung der Glasmatten.

Dabei muss man beachten, dass jede einzelne Matte separat angebracht wird, was sehr mühsam und langwierig ist. Man streicht vor der ersten Glasmatte die Oberfläche vorher noch einmal ein und legt die Glasmatte dann darauf. Das hat den Vorteil, dass die Lufteinschlüsse zwischen Holzoberfläche und Matte geringfügiger sind, was bei der Verarbeitung einfacher zu handhaben ist. Das Harz kriecht jetzt praktisch schon von unten durch die Matte, während man Harz über die Matte aufträgt. Dabei wird man schnell feststellen, dass das Harz nicht wie Farbe gestrichen werden kann, denn der Pinsel reißt sonst die ganzen Glasfasern aus der Matte heraus. Das Harz wird vorsichtig auf der Matte verteilt und dann mit vielen schnellen Bewegungen eingetupft. Durch das Tupfen wird es schnell in die Poren einmassiert und die Staubläschen werden zwischen den Fasern herausgeschlagen.

3. Wenn man die erste Schicht laminiert hat, trägt man die nächste auf, wieder genauso auf die erste Schicht, die noch klebrig ist. In der Regel genügen zwei sauber laminierte Schichten, aber aus Stabilitätsgründen kann man bei großen Kästen auch drei bis vier Matten auftragen.

4. Wenn alle Matten aufgetragen sind, werden die Innenkanten der Behälter extra verharzt, denn durch die teils widerspenstigen Glasfasern werden in diesen Zonen oft Luftstellen eingeschlossen, die etwas größer sind – vor allem dann, wenn nicht lange genug getupft wurde. In diesem Fall werden Glasmatten mit der Schere in kleine Stückchen zerschnitten und mit Harz zu Harzbrei verrührt. Diese Breimasse wird dann in die inneren Kanten und Ecken aufgetragen. Jetzt sind auch diese Stellen keine Gefahr mehr.

5. Wenn die Laminierarbeit beendet ist, wird die ganze Beschichtung wiederholt mit einem Harzanstrich versiegelt.

Was sehr wichtig ist, ist die Abstimmung zwischen Harz und Härter. Wenn die beiden Komponenten nicht richtig vermischt werden, ist die Qualität der Laminierung nicht besonders hoch. In der Regel wird genau das Mischungsverhältnis verwendet, für das die beiden Komponenten vorgesehen sind. Weniger Härter ist eher besser. Bei Verarbeitung von Harzen sollte man vom Verhältnis her immer die halbe Menge Härter für eine ganze Dose Harz verwenden. Das Harz härtet sogar bei geringfügigen Mengen noch so aus, dass es wie ein fester Kunststoff wirkt. Eine Überdosis an Härter ist sehr schädlich, denn zu viel Härter erfordert eine heftige chemische Reaktion mit starker Erwärmung, die so hoch werden kann, dass das Harz spröde wird und reißt. Dabei steigen nicht selten vermehrt Dioxindämpfe auf, die sehr giftig sind. Zu wenig Härter bedeutet, dass die Harzmasse in der Konsistenz lange wie Hartgummi bleibt, während zu viel Härter die Masse wie zerbröseltes Brot erscheinen lässt.

Die Mischungsverhältnisse aller Verarbeitungsvorgänge sollten immer gleich oder fast gleich sein. Nur dadurch ist eine Verbindung der verschiedenen Auftragungen gewährleistet.

Ein weiterer wichtiger Aspekt ist die Tatsache, dass dieses Verarbeiten mit großer Harzmenge und vielen Glasmatten sehr gesundheitsschädlich ist. Während bei Aushärtung des Harzes Dioxine frei werden, entstehen Millionen feinster Glasfasern beim Schneiden, die lange in der Luft schweben. Beim Anfassen bohren sich feine Fasern in die Haut, es sticht und juckt. Wenn die Fasern in die Augen gelangen, kann es sein, dass man sich die Fasern beim Augenarzt entfernen lassen muss. In der Kleidung setzen sich die Fasern zwischen die Stoffmaschen. Selbst nach mehreren Waschmaschinengängen können sie noch im Stoff stecken und stechen. In die Haare setzen sich ebenfalls gerne Fasern ab. Da sie sich beim Schneiden statisch aufladen, werden sie vom menschlichen Körper angezogen. Natürlich atmet man diese Fasern auch ein, auch wenn sie nicht so schädlich sein sollen wie reines Quarz oder Asbest. Beim Arbeiten mit Glasmatten ist Folgendes anzuwenden oder zu beachten:

1. Schutzbrille
2. Schutzanzug
3. Stoffhäubchen über dem Haar
4. Latexhandschuhe
5. Atemschutzmaske
6. Verarbeitung im Freien

Falls doch irgendwie Fasern in der Wohnung auftauchen, sie verlieren irgendwann ihre statische Aufladung und verbinden sich mit dem Hausstaub.

11.3 Anschlussstelle am Holzkasten

Anschlussgewindebolzen aus Messing sollten so am Kasten angebracht werden, dass keine undichte Stelle entsteht. In *Abb. 11.2* ist eine Möglichkeit gezeigt, die sich als beste bewährt hat.

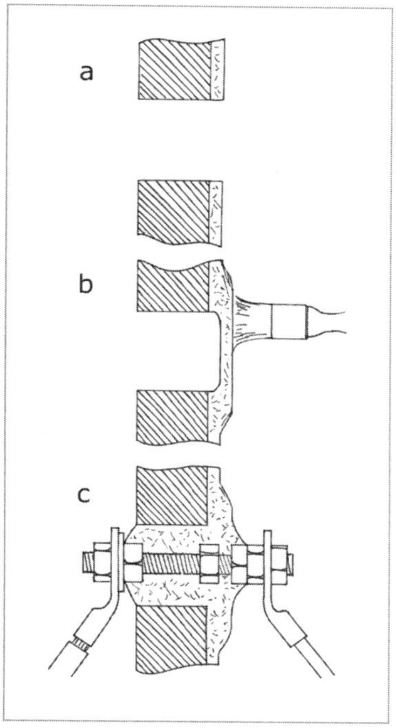

Abb. 11.2: In den Schritten von a bis c kann eine Anschlussstelle geschaffen werden.

Auf einer kleinen PE-Folie wird eine kleine Glasmattenfläche durch mehrere Glasfaserschichten laminiert. Da PE von Polyester und allen anderen Lösungsmitteln nicht angegriffen wird, wirkt die Folie als gutes Trennmaterial, von der sich das Laminat wunderbar ablöst. Durch mehrere Lagen Glasmatten bekommt man eine schöne dicke Platte (b), die über die Zone (a) geharzt wird. Die besagte Anschlussstelle wurde vorher mit einer Stichsäge ausgespart. Wenn die Platte auf der inneren Schutzschicht angebracht ist, werden die Löcher für die Bolzen gebohrt. Am besten verwendet man stabile 8-mm-Gewindebolzen, so müssen auch die Bohrungen einen Durchmesser von 8 mm haben. Jetzt werden die Bolzen eingeführt und wie in *Abb. 11.2c* verschraubt und verharzt.

Dabei gibt es zwei Möglichkeiten: Entweder wird zuerst der Bolzen vergossen und dann an den Stellen, wo sich die Muttern und Unterlegscheiben befinden, mit Silikondichtmasse eingestrichen, oder man gießt die besagte Stelle noch vor dem Durchbohren aus, lässt sie aushärten und führt dann die Bolzen im Anschluss daran mit Silikondichtmasse eingeschmiert ein, wo sie dann von den Muttern festgezogen und ebenfalls mit Dichtmasse versehen werden. Die zweite Möglichkeit ist sicherer, weil sich der gesamte Bolzen in ganzer Länge in Dichtmasse befindet. Wenn die Stelle ausgegossen wird, sollte nicht reines Harz verwendet werden, sondern Harzbrei mit Glasfasern als Zuschlag. Massive Harzgüsse können unter mechanischer Spannungseinwirkung zerspringen.

An der Anschlussstelle befindet sich jetzt der Messingbolzen, der so bemessen wurde, dass er auf jeder Seite bequem zwei Muttern und zwei Ösen mit Unterlegscheiben führen kann. Innen wird der Anschluss der Leitung zwischen zwei Muttern festgekontert. *(Abb. 11.2c)* Der Bolzen sollte so fest angezogen werden, dass er sich bei Aufschrauben der Zuleitung zum Kasten nicht mitdreht. Am besten ist es, man fixiert ihn im Kasten, indem man die angezogenen Muttern mit einem Glasfaser-Harzbrei einbettet, sodass er sich nicht mehr bewegen kann. Man kann die Anschlüsse im Kasten immer mit den Muttern verlöten. Der Lötzinn fließt auch in das Bolzengewinde und der Bolzen ist dann mit dem inneren Anschluss starr. Die Stelle sollte sicher sein, denn an sie kommt man später, wenn die Apparatur eingebaut ist, nicht mehr ohne erheblichen Aufwand heran.

12 Bau eines Elektrodenständers

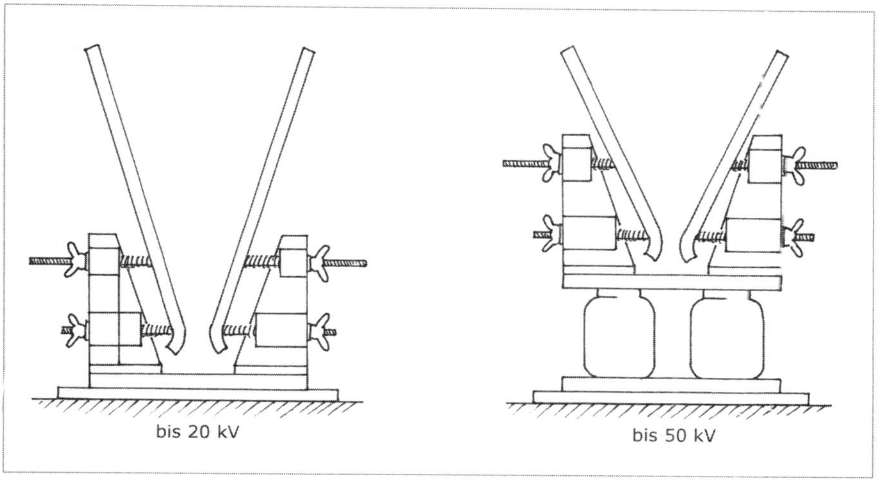

Abb. 12.1: Elektrodenständer für zwei Variationen und zwei Spannungsbemessungen. Bei Spannungen bis 20 kV genügt eine dicke Glasplatte als Unterbau, bei mehr als 20 kV bis 50 kV sollte der Abstand zum Boden durch Glasaufbauten vergrößert werden. Man kann Glasflaschen verwenden, die sich hervorragend mit der Platte verkleben lassen. Ab 50 kV sollte man keinen separaten Ständer mehr verwenden. Die Spannung ist zu gefährlich und ein Ständer kann zur Stolperfalle werden.

Man sollte im Vorfeld wissen, für welche Spannung man den Elektrodenaufbau schafft. Weitere Aspekte sind die Einstellungsmechaniken, die Weite des Zündfunkens und der Winkel des Elektroden-Vs. Bei Spannungen von 10 bis 30 kV sollte die Zündstrecke bis 50 mm mit Spielraum einstellbar sein, bei 30 bis 50 kV schon bis 100 mm. Der Spannung entsprechend müssen die Abstände der Isolatoren eingestellt sein, einmal vom Boden weg und einmal sich gegenüberstehend. Bei 50 kV sollte der Abstand vom Boden weg mindestens 200 mm betragen. In *Abb. 12.1* sind zwei Aufbauten dargestellt, wie sie angewendet werden können.

Da es sich in der Regel um zwei Halterungen handelt, die sich gegenüberstehen, braucht man zwei einstellbare Elemente, an die die Elektrodenrohre befestigt werden. Das kann dann so wie in *Abb. 12.2* aussehen. Die Halterungen werden aus Holz oder Kunststoff angefertigt. Das Holz kann mit Holzleim verklebt und anschließend lackiert werden. Kunststoff kann geschweißt werden. Im Betrieb befinden sich die Holzhalterungen natürlich unter elektrischer Spannung.

Wenn man von der Betriebsgefahr absieht, wird man sich nie in die Nähe der Halterungen wagen – ob sie nun aus Holz oder Kunststoff beschaffen sind. Die Füße der Halterungen werden mit Nitrostreichlack überlackiert. Später werden die Halterungen über die glatten Fußoberflächen sicher mit Silikondichtmasse auf die Glasplatte verklebt. Wenn man die gesamte Holzhalterung professionell lackieren möchte, ist es notwendig, das Holz als Erstes mit Nitrostreichlack zu behandeln, bevor man es mit anderen Farben überstreicht. Geschieht das andersherum, können sich die verschiedenen Lacke angreifen und die Stellen blähen sich auf wie kleine Gebirgskrater. Dann war die Arbeit umsonst, möchte man nicht wieder alles abschleifen. Wichtig ist es auch, die Elektrodenrohre am unteren Beginn leicht zu biegen, damit dort ein Zündfunke später durch die Spitzenwirkung der scharfen Rohrkante nicht hängenbleibt.

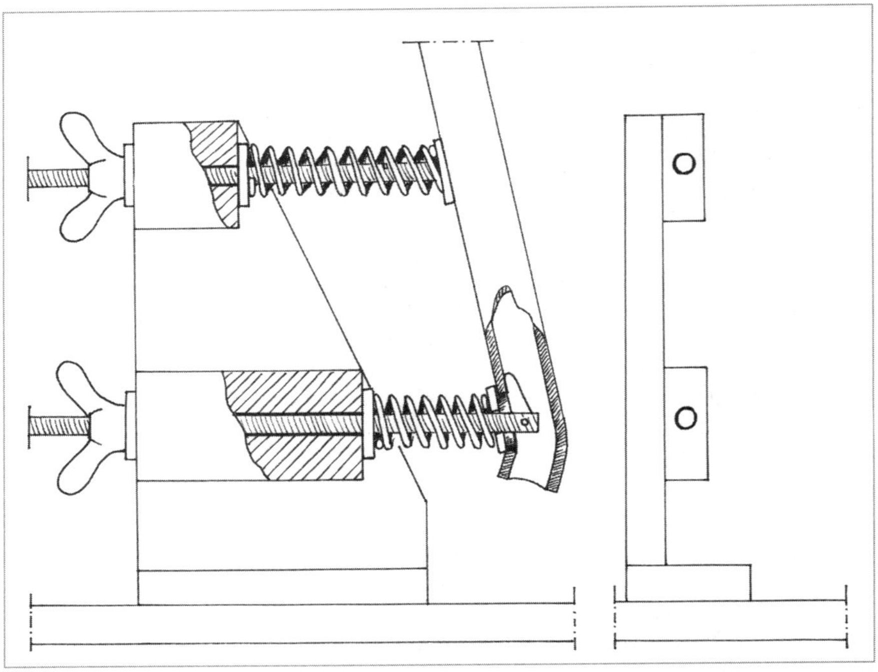

Abb. 12.2: Konstruktion einer einstellbaren Funktion für Elektrodenrohre.

Wie in der *Abb. 12.2* werden Gewindestangen aus Messing durch die Halterungen geführt. Zwischen Rohr und Halterung befinden sich relativ starke Druckfedern, die das Rohr festigen. Die Festigkeit bleibt bei Verstellbarkeit erhalten. An beiden Seiten der Druckfeder befindet sich eine breite Messingscheibe, im Rohrinnern ein in die Gewindestange gelöteter Splint. Wenn man die Gewindestange längs mit einer Eisensäge spaltet, kann man ein Stück Kupferblech einführen und verlöten. Diese Verlötung ist stabil genug, um den Kräften der Druckfedern zu widerstehen. Die Bohrungen für die Messingstangen in den Rohren müssen natürlich länglich sein, damit der Splint in der Länge hindurchpasst. Wenn man das Rohr dann nach unten drückt, klinkt es ein. So kann man die Rohre auch sehr gut wieder herausnehmen, wenn man sie putzen möchte. In *Abb. 7.2* ist ein Elektrodenaufbau für drei Hochspannungsphasen zu sehen, der aus drei solchen Halterungen besteht.

13 Wichtige Sicherheitsmaßnahmen

13.1 Für den Menschen

1. Vor Inbetriebnahme sollte ein Fenster geöffnet werden, um frische Luft in den Raum zu leiten, denn es entstehen im folgenden Betrieb hohe Ozonwerte, die sehr ungesund sind.
2. Vor Inbetriebnahme sollte darauf geachtet werden, dass

   a) keine Gegenstände als Stolperfallen herumstehen oder -liegen,

   b) keine Kinder oder Haustiere in der Nähe sind,

   c) alle Anschlüsse gut und sicher angebracht sind,

   d) das Zuleitungskabel nicht in der Sekundärnähe liegt,

   e) der Abstand zum Betreiber groß genug ist,

   f) bei Bedarf ein faradaysches Gitter verwendet wird,

   g) die Elektroden nicht in gefährdete Bereiche ragen,

   h) keine brennbaren Materialien in der Nähe sind,

   i) der Transformator frei im Raum steht,

   j) ein Feuerlöscher in der Nähe ist,

   k) Alkohol oder sonstige Rauschmittel streng verboten sind.

13.2 Für die Apparatur

1. Vor Inbetriebnahme sollte darauf geachtet werden, dass

   a) das Isolationsöl drei Monate geruht hat, um Lufteinschlüsse völlig auszuschließen,

   b) dass der Ölstand im Behälter ausreichend ist,

   c) die Elektroden sicher und richtig angebracht sind,

d) alle Anschlüsse richtig angebracht sind,
e) alle Anschlüsse fest angebracht und verschraubt sind,
f) das Zuleitungskabel nicht in der Sekundärnähe liegt,
g) der Transformator frei im Raum steht,
h) die Elektroden frei im Raum sind,
i) keine Gegenstände in die Apparatur fallen können,
j) die Sekundärwicklung nicht gefährdet werden kann,
k) die Nullleiterelektrode nicht in den Sekundärbereich ragt,
l) ein Erdungsanschluss oder -kabel nicht im Sekundärbereich liegt.

Sind diese Punkte beachtet worden, ist eine sichere Inbetriebnahme gewährleistet.

13.3 Sicherheitsmaßnahmen nach Betrieb

a) Herausziehen des Steckers
b) Kontrolle des Ölstands
c) Entfernen des Zuleitungskabels
d) Verstauen des Trafos
e) Verstauen des Elektrodenständers
f) Abdecken der Apparatur mit einer Plane
g) Schützen vor Feuchtigkeit
h) Aufklärung von Kindern und Erwachsenen über die Apparatur

14 Kabelnormen und Zuleitungen

14.1 Belastete Kabel

Eine Überlastung von Zuleitungskabeln im Betrieb durch hohe Stromstärke ist immer dann gegeben, wenn die Normen zu knapp bemessen wurden. Da bei gewöhnlichen Verbrauchern keine starken Kurzschlussströme fließen, wie sie durch Lichtbogentätigkeit existieren, kann man von den gewöhnlichen Bemessungen nicht mehr ausgehen. Auch ein 63-A-Anschluss ist keine unverwüstliche Stromquelle, die allen Versuchen problemlos widersteht. Bei längeren Experimentierintervallen stellt man fest, dass sich die Leitungen im Zählerkasten enorm erwärmen. Die robusten 10-mm²-Leitungen werden heiß. Im gesamten Zuleitungsbereich sollte sich aber überhaupt nichts erwärmen, denn Erwärmung bedeutet auch gleichzeitig Energieverlust. Wenn die Leitungen 14- oder gar 16-mm²-Querschnitt besitzen, entsteht vermutlich nur eine schwache Erwärmung.

14.2 Geeignete Normen nach Erfahrungswerten

Stromstärke	Zuleitungsquerschnitt in mm²
16 A	2,5 oder mehr
32 A	4,0 oder mehr
63 A	14 oder mehr

14.3 Anschlussmöglichkeiten

In der Regel sind Ösenverschraubungen am sichersten für Kabel. Entweder werden die Kabel mit den Ösen sicher verklemmt oder verlötet. Man kann sich, wenn man spezielle Formen und Dimensionen braucht, auch selbst Ösen aus Kupferblech schneiden. Durch die Ösen ist ein bequemes Verschrauben und Entfernen gewährleistet. Eine komfortable Variation ist allerdings die, dass man einen Einbaustecker an den Behälter anbringt. Man steckt einfach die dazu passende Kupplung in einem Schwung ein und fertig ist der Anschluss. Nach

Betrieb zieht man sie gleichermaßen heraus. Einbaustecker kann man bis 32 A in jedem besseren Baumarkt kaufen. Bei 63-A-Einbausteckern muss man Elektrohandlungen aufsuchen, die solche (recht teuren) Teile besorgen können.

15 Verklebungen

15.1 Holzleim

Holzleim eignet sich für alle Holz-, Pappe- und Hartfaserplatten. Man kann den Leim in Baumärkten kaufen. Betonschalholz (Betonplan) sollte an den Klebestellen abgeschliffen werden, da es an der Oberfläche mit abweisender Beschichtung behandelt ist.

15.2 Silikondichtmasse

Silikondichtmasse ist im Baumarkt und im Sanitärgeschäft erhältlich. Dabei gibt es verschiedene Qualitätsstufen, die man beachten sollte. Gegebenenfalls kann man sich von einem Fachmann beraten lassen. Bei Verklebungen mit Glas und sonstigen Kunststoffen wie Acrylglas, Polycarbonat oder Plexiglas kann man auf Aquariensilikon zurückgreifen, das hier am besten geeignet ist. Aquariensilikon ist in Spezialglasereien oder Zoogeschäften erhältlich. Aquariensilikon ist essighärtend und sehr geruchsbelästigend, denn es wird Essigsäure freigesetzt. Alkalische Dichtmasse ist in der Hinsicht wünschenswert. Es gibt alkalische Sanitärdichtmassen für Badewannen und Waschbecken, die qualitativ hochwertig sind. Gute Marken sind Otto Chemie oder PCI. Allerdings sind die auf dem Markt erhältlichen Silikondichtmassen nicht gegen das Kriechverhalten der Öle gefeit.

15.3 Kontaktkleber

Kontaktkleber (z. B. Pattex) ist in manchen Fällen praktisch, wenn es um kurzfristige Fixierungen geht, aber durch seine Beschaffenheit bei vielen Verklebungen absolut ungeeignet. Spulenkörper können nicht verklebt werden Alles was unter Öl steht oder glatte Oberflächen besitzt ist auf Dauer nicht sicher, auch wenn von Kraftverklebung bei großem Pressdruck die Rede ist. Kontaktkleber ist gut für Drahtfixierungen, kurz vor dem Einharzen oder für Vorbehandlungen zum Abdichten für Harzgüsse. Alle Tubenkleber sind für sichere Dauerverklebungen vollkommen ungeeignet.

15.4 Polyesterharz

Harz kann als Kleber, als Fixierungsmaterial oder für Massivvergüsse verwendet werden. Als Einlassungssubstanz für großdrahtige Wicklungen ist es ein hervorragender Festigungsstoff. Wicklungen mit großen Zwischenräumen können komplett in der Masse versenkt werden. Da sich das Harz bei Aushärtung zusammenzieht, sollte darauf geachtet werden, dass sich um die Wicklung kein zu großer Harzmantel befindet, denn es können beim Härten Spannungsrisse entstehen, die sich durch den gesamten Komplex ziehen. Mit der richtigen Härterbeimischung ist dieses Material ein hervorragender Bastelstoff. Man kann es in Baumärkten als Flüssigharz für Autoreparaturen kaufen oder über Lackspezialgeschäfte beziehen. Im Anhang befindet sich eine Bezugsadresse für große Einkaufsmengen. Polyesterharz kann man auch bei Steinmetzen beziehen, die es für Steinverklebungen verwenden. Verkleben kann man fast alle Stoffe, außer Kunststoffe wie z. B. PE oder PP. Glas oder Metall müssen vorher grobkörnig angeschliffen werden.

15.5 Epoxidharz

Epoxidharz ist ebenfalls ein sehr gutes Klebemittel. Wie bei Polyesterharz ist es für fast alle Verklebungen und Vergüsse hervorragend geeignet. Nur ist es im Erwerb etwas teurer als Polyesterharz und bei Verarbeitung besonders ungesund, da es auch durch seinen kaum vernehmbaren Geruch dazu verleitet, sich bei der Verarbeitung näher an die Gefahrenstelle heranzuwagen.

16 Leistungsverluste

16.1 Kernverluste

Der Leistungsverlust durch den Kern hängt in der Regel mit seiner trägen Eisenmasse zusammen, die wie ein mechanischer Widerstand wirkt. Durch diese Reibungsenergie kann Wärme entstehen. Ein zu knapp bemessener oder zu dicker Primärdraht kann dazu führen. Minderwertiges Elektroblech, zu dicke Einzelbleche oder auch mangelhafte Isolationsbeschichtungen durch schlechte Lacke oder Oxidationen können für Leistungseinbußen sorgen. In der Regel werden Verluste zwischen 5-10 % einkalkuliert. Weitere geringfügige Verluste entstehen durch nachlässige Schichtung der Bleche und durch die Tatsache, dass die Stanzrichtung der Bleche beim Zusammenbau oft nicht beachtet wird. Beim Stanzen entsteht auf der unteren Schnittkante ein Grat. Alle Bleche sollten mit diesem Grat in derselben Richtung (Grat oben oder Grat unten) geschichtet werden.

16.2 Verluste durch Wicklungsdimensionierung

Liegt die Sekundärspule direkt über der Primärspule, ist eine ideale Kopplung der Wicklungen gewährleistet. Durch die lenzsche Regel werden Abstoßungskräfte frei, die im Betrieb stattfinden und zu Verlusten führen. Da bei hochspannungstechnischen Aufbauten von Kernen und Wicklungen die Spulenbereiche weiter voneinander entfernt liegen, wirkt die lenzsche Regel geringfügiger, jedoch verliert sich Energie im größeren Eisenrahmen, denn das üppige Eisenmaterial muss durchflutet werden und die magnetische Reibung ist entsprechend höher. Bei zu hohen Windungszahlen auf der Primärseite entstehen Verluste. Wenn die Sekundärspule zu groß ist, wird sie nicht mehr genügend durchflutet und verliert dabei Energie, denn sie wirkt wie ein ohmscher Widerstand. Gründe dafür sind zu dicke Ausgangsdrähte oder zu weite Spulenausladungen, die aber bei Hochspannung bautechnisch wiederum wünschenswert sind.

16.3 Verluste durch Netzfilter oder Vorschaltgeräte

Vorschaltgeräte sichern die Funktion an empfindlichen Sicherungen, die bei zu hohen Einschaltströmen versagen. Eine Sicherung, die den Arbeitsstrom gerade noch aushält, erwärmt sich stark und zieht daher Leistung ab. Drosseln von Netzfiltern und Vorschaltgeräte ziehen ebenfalls Leistung ab.

16.4 Leistungsverluste durch Kapazitäten

Ein vollumschlossener Transformator, der in einem Metallgehäuse arbeitet, wird durch die Wandungskapazität des Metalls beeinflusst. Auch wenn die Transformatoren an den Freileitungen so beschaffen sind, lässt sich diese Tatsache nicht ausschließen.

Das Wechselmagnetfeld des Eisenkerns wirkt auf den Eisenmantel, der einen Teil der Streuungsenergie auffängt. Damit schwächt er den magnetischen Fluss im Kern. Solche Behälter werden nur deshalb aus Eisen gefertigt, weil es stoßfest und unverwüstlich der Natur im Freien trotzen kann. Voll umschlossen ist die Apparatur vor negativen Einflüssen geschützt und außen ist der Kasten durch die Vollmantelerdung ebenfalls sicher, sieht man von den Ausgängen und Zuleitungen ab.

16.5 Kurzschlüsse in der Sekundärspule

Bei sehr hohen Windungszahlen kann es vorkommen, dass es zu Übereinanderlappungen kommt. Wenn man solche Stellen zu spät bemerkt, kann man den Draht nicht mehr gefahrlos abwickeln und muss die Stelle sichern. Fällt eine solche Stelle nicht auf, verschwindet sie unerkannt im Wicklungsmassiv in irgendeiner Schicht. An der Überlappungsstelle drücken sich dann zwei Windungen, besonders wenn der Gesamtdruck durch den Spulenaufbau steigt. Es handelt sich dabei oft nur um wenige Volt, wenn zwei Drähte durch Betriebsvibration aneinander scheuern. Die besagte Schlinge liegt durch ihren weiträumigen Aufbau außerhalb des konzentrierten Kernbereichs, und wird nur warm oder so heiß, dass sie nicht verschmort. Sie stellt aber einen Kurzschluss dar. Dadurch wird Leistung eingebüßt. Dies kann natürlich auch mit mehreren Schlingen passieren.

Deshalb darf man eine solche Stelle nie übersehen. Man muss sie gesondert fixieren und isolieren, so dass die Windungen nicht aneinander reiben können. In Stearin oder Wachs ausgekocht ist die Stelle keine Gefahr mehr, denn die Vibration wird im Massiv verschluckt. Bei Öl ist das ebenfalls der Fall, aber nur bedingt. Dafür schmiert es zwischen den Drähten und sie scheuern sich dadurch nicht ab.

16.6 Besondere Leistungsabfälle

Interessant ist die Tatsache, dass zu bestimmten Tageszeiten die Ströme im Netz schwanken. In den Kochzeiten um den Mittag herum macht sich das bemerkbar, denn die Leitungen von der Trafostation werden mit vielen leistungsstarken Verbrauchern belastet. In solchen Zeiten sollten Hochspannungsversuche nicht gemacht werden, um die Trafostation nicht zusätzlich zu belasten. Gute Zeiten sind frühmorgens vor 7 Uhr, vormittags zwischen 8 und 11 Uhr, nachmittags von 14 bis 15 Uhr und abends ab 20 Uhr. In diesen Zeiten arbeiten Starkstromverbraucher, wie z. B. Kochplatten, Wasserkocher usw., weniger. Der Betrieb der Fernseher erfordert nicht so hohe Ströme.

16.7 Tolerierte Leistungseinbußen

Da Höchstspannungen am sichersten mit einzelnen Schenkeln erzeugt werden können, muss man akzeptieren, dass hierbei sehr hohe Verluste stattfinden. Durch den offenen Kern wird sehr viel magnetische Energie in den Umraum gestreut, was eine schlechtere Spulenkopplung bedeutet. Durch Höchstspannung ist man auch gezwungen, sich vom Kern wegzuwickeln, die Spulen praktisch gestaffelt vom Kern zu entfernen, um Überschläge zu vermeiden. Mit der Spannungs- und Windungsberechnungsformel $U_1 / U_2 = n_1 / N_2$ kann dann keine genaue Berechnung mehr erstellt werden. Die Formel ist nur für optimale oder beinahe optimale Trafoverhältnisse funktionstüchtig. Bei einem offenen Schenkel kann man auf jeden Fall schon von 20 bis 30 % Verlust ausgehen, dem man durch den Aufbau entsprechend entgegenwirken sollte. Da sich der Verlust der Gesamtleistung hauptsächlich im Verlust der Stromstärke äußert, fällt auch die Spannung ab.

Dies sollte aber nur so weit gehen, bis die Leistung knapp unter der Schmerzgrenze der Sicherungen arbeitet. Eine weitere Maßnahme ist die Tatsache, dass die Primärwicklung, die für einen geschlossenen Kern ein bestimmtes Windungsmaß besitzt, bei offenem Schenkel und daher auch verkürzter Eisenmasse (geringerer Widerstand) unbedingt aufgestockt werden muss. Dadurch entsteht ein neuer Faktor für einen Leistungsverlust. Steigt die Windungszahl primär, muss auch die Sekundärwindungszahl durch Aufstocken erhöht werden. Die Kopplung wird zusätzlich geschwächt. Ein Leistungsverlust durch die Primärspule, deren Windungen aus möglichst dickem Draht bestehen sollten, muss hier einkalkuliert werden. Um die Sicherungen zu schützen, wird der Primärdraht allerdings mit Windungen aufgestockt und mit einem dünneren Primärdraht versehen.

16.8 Primärspulenleistung

Durch die enorme Energie, die ein offener Schenkel aus dem Netz zieht, muss mit der Primärdrahtstärke experimentiert werden. Generell kann man die Originalwindungsmenge der Transformatornorm, wenn der Kern geschlossen wäre, als Ausgangspunkt für die Berechnung verwenden. Durch den einzelnen Schenkel, der ein Viertel eines geschlossenen Rahmens darstellt, muss die Primärdraht-Windungszahl entsprechend erhöht werden. Dies kann man über Prozentrechnung ermitteln, wenn man die Kernmasse in cm^3 aufteilt.

Beispiel:

Rahmenschenkelgröße: 70 x 50 cm, 10 cm stark

Eisenmasse: 5.000 cm^3

Drahtwindungszahl: 100 Wdg

Schenkelmasse: 5.000 cm^3 / 4 = 1.250 cm^3

Da sich die Masse um dreiviertel verringert, muss die Primärwicklung um dreiviertel erhöht werden.

5.000 cm^3 = 100 % Masse

1.250 cm^3 = 25 % Masse

100 Wdg x 4 = 400 Wdg

Bei gleicher Drahtstärke wird eine Windungszahl von 400 Wdg benötigt, wenn der Widerstand der Primärwicklung dem starken Leistungszug des offenen Schenkels entgegenwirken soll. Da es nur eine grobe Annäherungsrechnung ist, spielt es keine Rolle, wenn es ein paar Windungen mehr oder weniger sind. Um Draht zu sparen, kann man einen etwas dünneren Primärdraht bei gleicher Windungszahl verwenden. Diese zusätzliche Entlastung, die dem Sekundärausgang zwar Leistung abzieht, sollte die Hauptsicherungen aber zusätzlich schützen.

Beispiel:

Primärdrahtstärke 22 mm^2 Flachkupfer

Verringerung um 20 % Leistung:

22 mm^2 : 100 x 80 = 17,6 mm^2 = 18 mm^2

Der Schenkel wird also mit 400 Wdg Flachkupfer-Lackdraht der Stärke 18 mm^2 bewickelt. Nach der Wickelarbeit wird der Schenkel erst ohne Sekundärseite betrieben, um festzustellen, ob er sich stark erwärmt oder die Sicherungen versagen. Da der Schenkel jetzt noch ohne Sekundärspule arbeitet, muss eine weitere Belastung durch diese und ihren späteren Lichtbogen einkalkuliert werden. Dies kann man nur durch Experimente erfassen, denn je nach Spulendimension verhält sich die Sache anders.

Man geht folgendermaßen vor:

1. Wird die Primärspule warm und der Zähler dreht sich im Schrank sehr schnell bei brummender Untermalung, ist die Primärwindungszahl zu gering bemessen. Sie muss deutlich darüber liegen.
2. Erkennt man nur eine geringe Reaktion des Schenkels, die Wicklung bleibt kalt und der Zähler dreht sich kaum, so können ein paar Windungen abgewickelt werden.
3. Wenn der Schenkel sich leicht erwärmt, der Zähler sich mäßig dreht, gleichzeitig kaum Brummen im Kasten zu hören ist und die Sicherungen nach einem Test von 1 Minute nicht versagen, ist die Primärspule in Ordnung.

In diesem Fall richtet sich der Aufbau des Transformators nach der Primärwicklung des Schenkels. Wenn man die Sekundärspule als Erstes gewickelt hätte, könnte man dadurch ihre Spannungsdimensionen nicht mehr verändern.

17 Handhabung von Ölen

17.1 Pflanzenöl

Pflanzenöle sind organische Öle, die biologisch abbaubar und daher umwelttechnisch harmlos sind. Große Mengen kauft man in Literflaschen im Supermarkt günstig ein. Es gibt verschiedene Qualitätsprodukte, wobei viele mindere Öle mit Wasser, Salzen und Gewürzen versetzt sind. Um größere Mengen in einem Gebinde aufzubewahren, kann man sich einen Lebensmittelbehälter kaufen. Sie sind oft als Einschlagfässer, Mostbehälter oder Wassertanks erhältlich. Aber Vorsicht: Wenn biologisch reine Öle auch nur durch geringste Mengen mineralischer Öle verunreinigt werden, können sie das Grundwasser verseuchen. Dann müssen die behafteten Öle wie Altöl entsorgt werden. Solche verunreinigten Öle dürfen laut Gesetz auch nicht in Lebensmittelbehältern untergebracht werden, sofern auf den Behältern »Nur für Lebensmittelgebrauch« steht.

17.2 Mineralische Öle

Mineralische Öle sind organische, die in der Technik zwar üblich sind, aber trotzdem umweltschädliche Eigenschaften besitzen. Altes Öl muss entsorgt werden und darf nicht ins Grundwasser gelangen. Passende Ölgebinde zur Aufbewahrung gibt es bei allen Schmierstoffhändlern. Mineralöle dürfen ebenfalls nicht in für Lebensmittel ausgezeichneten Behältern untergebracht werden.

17.2.1 Böden der Versuchs- und Lagerräume

Böden, die mit Öl in Berührung kommen könnten, sollten so behandelt werden, dass keine Umweltgefahr besteht. Sie sollten mit Kellerbodenfarbe eingestrichen sein, von der Öl gut entfernt werden kann. Beim Umgang mit Ölen kommt es immer mal wieder vor, dass ein paar Tropfen daneben gehen. Etwas zum Aufsaugen des Öls (Sand oder Toilettenpapier) sollte immer bereitstehen.

Bau eines Bodens für Versuchszwecke

Abb. 17.1 zeigt, wie ein umweltsicherer Boden aufgebaut sein sollte, damit es kein Problem ist, wenn Mineralöle austreten.

Um den Boden stabil zu betonieren, wird das Gewicht der Apparaturen natürlich berücksichtigt. Ein guter Fundamentbeton von etwa 10 cm Stärke ist dabei völlig ausreichend.

Auf das freigelegte Erdreich werden zwei Schichten Silikonteichfolie so ausgelegt, dass die Ränder der Folien an den anliegenden Wänden noch ein gutes Stück nach oben ragen. Wenn man Silikonteichfolie verwendet, hat man garantiert eine dauerhafte Versiegelung unter dem Beton, die ein Menschenleben überdauert. Auf diese Folienunterlage wird der Beton bis zur halben Höhe aufgegossen. Über den ersten Guss werden Stahlmatten, die es beim Baustoffhändler gibt, aufgelegt. Jetzt wird die nächste Betonmasse auf die Matten gegossen. Nachdem man den Beton glattgestrichen hat, lässt man ihn drei Wochen aushärten. Nach der Aushärtung kann noch ein Estrich aufgetragen werden, das muss aber nicht unbedingt sein. Die am Rand herausragenden Folien werden jetzt bis auf ca. 8 cm Höhe abgeschnitten. Die Folien werden anschließend mit einem Mörtel großzügig verdeckt. Der Mörtel sollte ebenfalls drei Wochen aushärten. Zum Schluss wird der Betonboden mit einer Grundierung für die Kellerfarbe vorbehandelt, danach mit der Kellerfarbe selbst gestrichen. Man kann sich bei Farbenhandlungen und Malern beraten lassen, welche Kellerfarbe am tauglichsten ist. Teichfarbe, die für das Freiland unter UV- und Witterungseinfluss bestens geeignet ist, kann man auch im Keller verwenden.

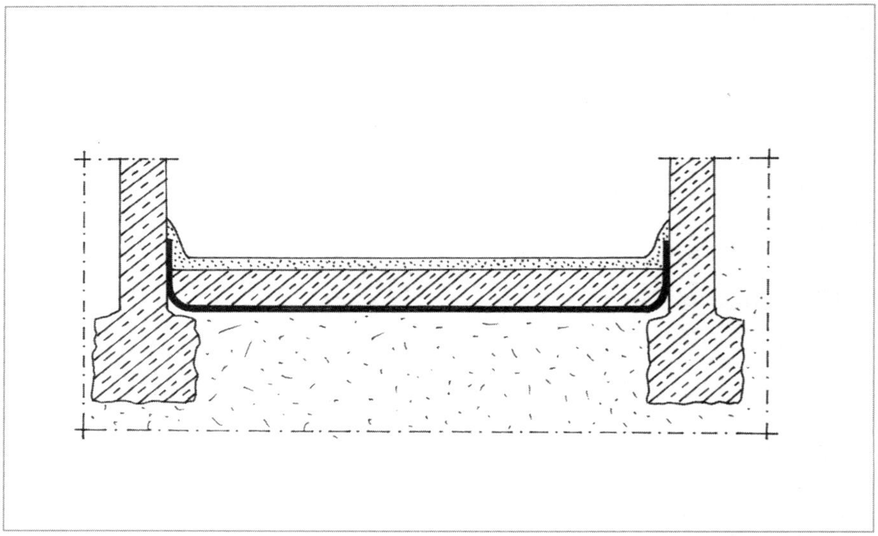

Abb. 17.1: Schnitt durch Kellerboden und Erdreich.

17.2.2 Hilfsmittel zur Vermeidung von Ölüberschwemmungen

Ein Behälter kann durch einen starken Stoß undicht werden. Der Stoß kann gerade so kräftig gewesen sein, dass nur ein Haarriss entstanden ist, aus dem langsam Öl austritt. Im schlimmsten Fall platzt ein Behälter auf, wenn die schlecht verarbeiteten Schweißdrähte den Druck der Ölmasse nicht mehr aushalten.

Folgende Materialien sollte man immer parat haben:

1. Lappen, Tücher, Klopapierrollen, Zeitungspapier, Lösungsmittel
2. Auffangschalen, Becher, Eimer in mehreren Größen
3. PVC-Schläuche zum Abpumpen und Absaugen
4. Eine umgebaute Waschmaschinenpumpe
5. Nötiges Flickmaterial, der Bauart entsprechend
6. Ein leeres Gebinde als Einfüllmöglichkeit, wenn der gesamte Kasten schnell ausgepumpt werden muss. Das Gebindevolumen sollte so groß wie oder größer als das Behältervolumen sein.

Austretendes Öl wird mit Schalen aufgefangen, die man unterstellt und immer wieder leert. Gleichzeitig wird das Öl des Apparaturbehälters in ein geeignetes Gebinde gepumpt. Im Anschluss wird die Schadensstelle repariert oder geflickt.

Alle Stellen, die mit Öl behaftet sind, werden sauber mit Lappen, Toilettenpapier und Ähnlichem geputzt. Sie werden bei mineralischem Öl entsorgt. Bei Pflanzenöl kann man die Lappen in den Hausmülleimer werfen. Anschließend wird alles mit Reinigungsmitteln geputzt und der Boden gewischt, damit man das Öl nicht an den Schuhsohlen hat und in der ganzen Wohnung verteilt.

17.2.3 Lagerung des Öls

Das Ölgebinde, egal, um welches Öl es sich handelt, sollte immer so verschlossen werden, dass nur ein kleines Loch im Deckel für ein Entweichen der Luft sorgt. Dadurch trocknet das Öl auf Dauer nicht aus und es fällt kein Staub in die Öffnung. Bei Metallgebinden, also Blechfässern, sollte man darauf achten, dass sie unter Feuchtigkeit im Keller oder der Garage nicht durchrosten. Damit sie den Boden nicht direkt berühren und Luft zur Zirkulation dazwischengelangen kann, werden zwei Latten unter das Gebinde gelegt, auf denen es lastet. Auf Ölgebinden sollten immer die Daten des Inhalts stehen. Wenn kein Etikett vorhanden ist, macht man sich selbst eines. Die Art des Öls und das Datum der Abfüllung in das Gebinde sind bei der Beschriftung wichtig.

18 Abbildungen aus der Werkstatt und dem Versuchskeller

Abb. 18.1: Links oben: Eine sauber gewickelte Schicht. Rechts oben: Eine Papierlage wird aufgelegt. Links unten: Eine Papierlage wird überwickelt. Rechts unten: Am Rand befinden sich Pappstreifen, die mit Klebeband fixiert werden.

Abb. 18.2: Ein separater Elektrodenständer für 20 kV.

Abb. 18.3: Staffelspule einer 200-kV-Staffel.

Abb. 18.4: Staffel-Detailspule in Bearbeitung.

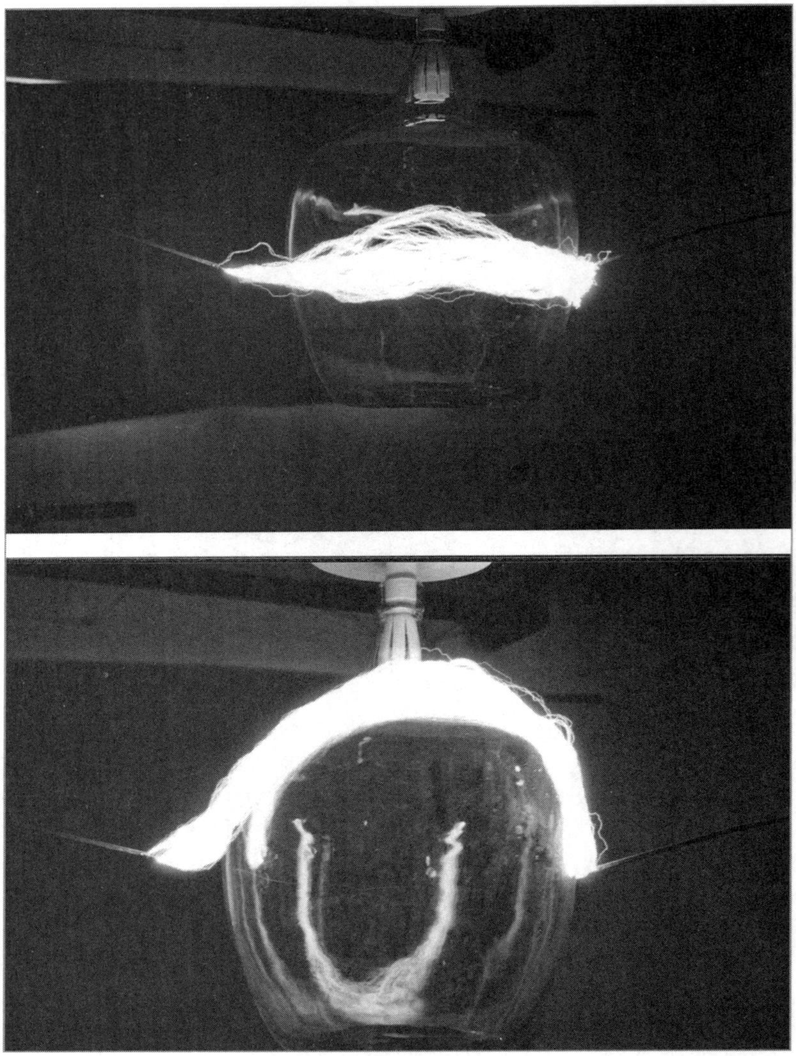

Abb. 18.5: Oben: Wurzelblitzentladung über die Luftstrecke. Der Lichtbogen wird in viele kleine Blitze zerstreut, die sehr lautstark sind. Unten: Die Wurzelblitzattacke wird um eine Schnapsflasche geleitet. Beide Versuche wurden mit einer Spannung von 570 kV durchgeführt.

Abb. 18.6: Eine kinetische Elektrode, Zerstreuung durch Rotation.

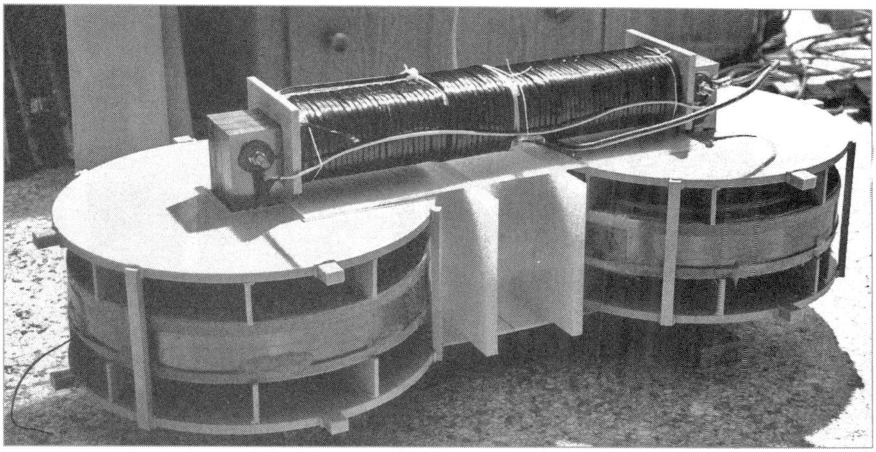

Abb. 18.7: Ein 570-kV-Transformator vor dem Einbau in den Behälter.

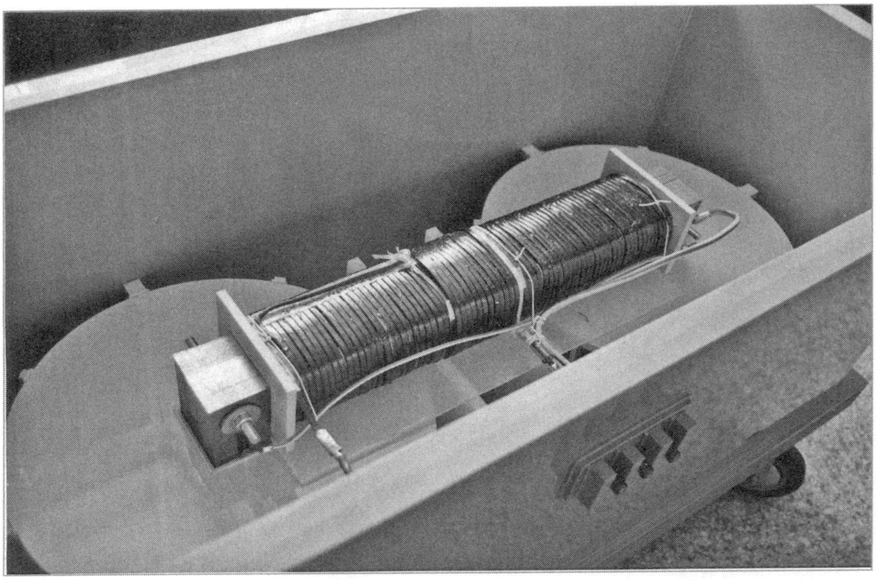

Abb. 18.8: Ein 570-kV-Transformator in den Behälter eingebaut.

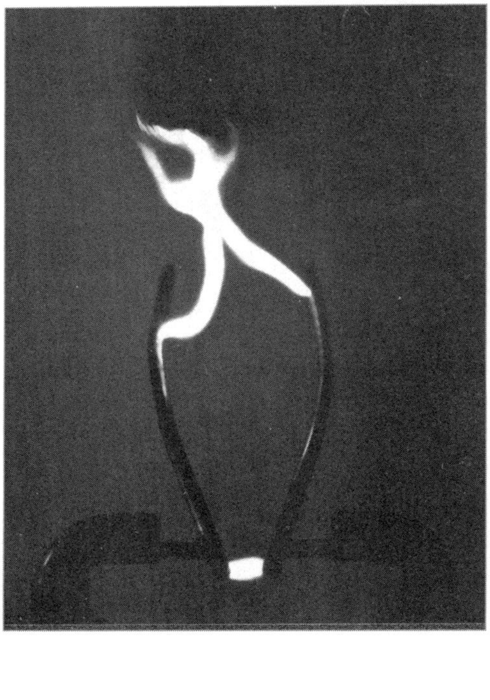

Abb. 18.9: Ein 25-kV-Lichtbogen, Momentaufnahme zweier Stadien: Die untere Zündung kurz vor dem oberen Abriss des Lichtbogens.

Abb. 18.10: Einbau der Peripherie des 170-kV-Ein-Schenkel-Trafos (waagrecht). Man erkennt gut die doppelte Sekundärstaffel auf dem einzelnen Schenkel. An dem mittleren Stutzen wurde später die Anschlussstellen angeschweißt.

Anhang

Der Bau dieser Geräte und Apparaturen ist stellenweise sehr aufwendig. Man muss sich mit vielen Einzelheiten beschäftigen, die einem vielleicht zunächst fremd vorkommen. Manchen bereitet schon das Wickeln kleiner Spulen Schwierigkeiten. Störungen, die das Wickeln erschweren, können nervenaufreibend sein, wenn noch keine Routine vorhanden ist.

Was auf jeden Fall wichtig ist, sind Geduld, Ausdauer und Freude an der Arbeit. Nur so kommt man mit der langwierigen Arbeit ans Ziel, das später viel Freude bereitet und stolz macht. Beim Wickeln wird man körperlich beansprucht, wenn eine große Spule, die z. B. 15 kg wiegt, auf einer Achse sehr schnell gedreht werden muss, um die gewaltige Drahtlänge zu überwinden. Jede Schicht muss sauber und gewissenhaft bewickelt werden, was viel Konzentration erfordert. Wem es gefällt, kann bei der Arbeit Musik hören. Auf jeden Fall darf Zeit hier keine Rolle spielen, und darum sollte die Arbeit so genussvoll wie möglich gestaltet werden.

Mit Routine kann das Wickeln einer großen Sekundärspule mit einem Durchmesser von 50 cm durchaus drei Wochen dauern, wenn vielleicht 300 bis 500 Schichten gewickelt werden müssen. Da kann man sich leicht ausrechnen, wie viele man pro Tag wickeln möchte und sich einen Zeitplan errichten. Lassen Sie den Mut nicht sinken, wenn Sie die ersten Schichten mühsam gewickelt haben. Mit wachsendem Durchmesser wird es immer einfacher. Wer eine Wickelmaschine für solche Dimensionen herstellen möchte, kann den Draht natürlich auch maschinell wickeln.

Haben Sie viel Spaß und Freude bei der Arbeit, das ist die Grundvoraussetzung für gutes Gelingen!

Bezugsquellen für Materialien

Kabelrecyclingwerke: Kabel, Drähte, Stecker etc.

Schrottplätze und -handlungen: Elektrodenmaterial, alte Trafos, Bleche, Winkel, Schrauben, Kupferbleche und -rohre etc.

Baumärkte: Schrauben, Bockrollen, Kabel, Stecker, Steckdosen, Kupferrohr, Lötmaterial und -zubehör, Kleber, Dichtmasse, Kunststoffrohre, elektrische Produkte etc.

Schreinereien: Sperrholz, Multiplex, Holzleim, Hartfaserplatten, Naturholz etc.

Glasereien: Glas, Glaskleber, mechanische Glasarbeiten, Bohrungen etc.

Kunststofffirmen: Kunststoffbau, Behälterbau, Kunststoffschweißarbeiten etc.

Flaschnereien: Kupferrohre, Kupferbleche, Messingverschraubungen etc.

Strombetreiber: Isolatoren, Schrott, Trafo-Öl, Messing- und Kupferschrauben, Kabel, Hochspannungsseile etc.

Elektro- und Elektronikhandel: elektrische und elektronische Bauteile, Lötmaterial, Kleber etc.

Transformatorenbauer: alles um Transformatoren, Leistungstabellen von Kernen und Kupferlackdrähten etc.

Schmierstoffhändler: Transformatorenöl

Pennymarkt: Bonita Rapsöl

Lidl: Aromata Backpapier 20 m

Herstelleradressen

Roller & Fischer Transformatoren GmbH, Ringstraße 4, 71739 Oberriexingen, E-Mail: www.rollerfischer-trafo.de

Trafos, Elektrobleche, Spulenkörper, Kupferlackdraht, Leistungstabellen

Conrad Electronic GmbH, Klaus Conrad Straße 1, 92240 Hirschau, E-Mail: www.conrad.de

Elektronische Bauteile

Emka Schmiertechnik GmbH, Morscheuser & Kilthau, Hafenstraße 21, 74076 Heilbronn, E-Mail: www.emka-oil.de

Transformatorenöl

Nestl Glas & Spiegel, Heilbronnerstraße 21, 74523 Schwäbisch Hall

Glasverarbeitungen aller Art, Glasveredelung, Acrylglas, Glaserei

Fa Metzger Kunststofftechnik GmbH , Erwin Bahnmüller Straße 20, 71394 Kernen (Remstal), E-Mail: www.metzger-kunststoff.de

Kunststoffe, Behälterbau, Kunststoffschweißtechnik

Emil Frei GmbH & Co, Lackfabrik, Am Bahnhof 6, 78199 Bräunlingen, E-Mail: www.freilacke.de

Polyesterharze, Lacke, Glasmatten

Stabilo Landtechnik, Sallstraße 52, 74635 Kupferzell, E-Mail: www.stabilo-gmbh.de

Kupferrohr, Schrauben, Kabel, Stecker, Schläuche, Kleber etc.

Hopf Kunststofftechnik, Carl-Zeiss-Straße 6, 74354 Besigheim, E-Mail: www.hopf-kt.de

Autor des Buches:

Matthias Kallenberger, Blumenstraße 3, 71543 Wüstenrot-Neuhütten,
Telefon: (0 79 45) 95 08 49, E-Mail: matthias.kallenberger@online.de
www.hochspannung-bildhauerei.de

Glossar

Abschlusskondensator

Eine Bezeichnung, die für den oberen Abschluss einer Teslaspule verwendet wird, aus dem Ladungen austreten. Meist kugelförmig oder in Form eines Toroiden.

Adhäsion

Molekulare Anhangskraft zwischen zwei verschiedenen Stoffen.

Blindwiderstand

Widerstand, der in der Primärseite eines Transformators existiert, wenn kein Wirkstrom durch Verbraucher erregt wird. B. ist abhängig von den Wicklungsverhältnissen der Primärspule und der Größe und Beschaffenheit des Eisenkerns. Bei optimalem Wicklungsverhältnis zum Kern ist der Stromverlust durch Blindleistung am geringsten.

Dielektrikum

Nichtleitendes Medium durch nichtleitenden Stoff oder Raum (Luft, Gas), durch das ein elektrisches Feld wirken kann, ohne dass ein direkter Leiterkontakt besteht.

Drossel

Elektronisches Element, das zur Entstörung der Netzströme eingesetzt wird. Besteht meist aus einer um einen Ferritkern gewickelten Spule, die auf entsprechende Frequenz durch spezifische Induktivität abgestimmt wird.

Durchschlag

Das Durchbrechen der elektrischen Spannung durch einen Isolator innerhalb zweier entgegengesetzter elektrischer Bereiche

Ein-Schenkel-Trafo

Transformator, der nur einen einzigen Schenkel als elektromagnetisches Übertragungsmedium besitzt.

Einschlag

Das Treffen einer elektrischen Entladung in einen leitenden Körper, der mit dieser in elektrischer Beziehung steht.

Eisenkern

Elektromagnetisches Medium für Transformatoren, das die Spannungs- und Stromwandlungen durch magnetischen Fluss in geblättertem Eisen ermöglicht.

Elektrisches Feld

Das zwischen zwei oder mehreren elektrischen Wirkungsbereichen bestehende Ladungsmedium.

Elektrisches Wechselfeld

Das zwischen zwei oder mehreren elektrischen Wirkungsbereichen bestehende Ladungsmedium im Wechsel, durch die Schwingungsrate in Hertz gemessen festgelegt.

Elektroblech

Weicheisenblech, aus dem der geblätterte Eisenkern besteht.

Elektroden

Kapazitäten für elektrische Vorgänge, z. B. an der Luft oder in einer Flüssigkeit. Können als Ladungsträger oder für elektrolytische Versuche in der Chemie eingesetzt werden.

Elektrodendreieck

Für Drehstrom geeigneter Elektrodenaufbau für Lichtbögen

Entladung

Das Schließen des elektrischen Stromkreises über eine Funkenstrecke oder Verbraucher.

Elektrolyse

Chemisch-physikalischer Vorgang durch Reaktionen oder Umwandlungen in Verbindung mit elektrischen Strömen.

Erdung

Verbindung eines Leiters zur Materie, in dem Fall zur größten materiellen Masse, der Erde selbst.

Faradayscher Käfig

Geschlossener Schutzkörper aus massivem oder durchbrochenem Metallkörper, z. B. Draht, Lochblech usw., der geerdet wird.

Faradaysches Gitter

Schutzgitter, das dem entgegengesetzten Spannungsbereich gegenübersteht und geerdet ist.

Fiberglasmatten

Aus Glasfaser gewobene Matten, die als Armierungsstoff für Harze verwendet werden.

Flachkupfer

Kupferlackdraht, im Querschnitt rechteckig geformt und daher flach.

Funkenstrecke

Längenmaß eines Funkens in Beziehung zur spezifischen Spannung stehend.

Galvanisches Element

Entstehendes elektrisches Verhältnis durch Ionenbildung zwischen zwei verschiedenen Metallen in einem Elektrolyt. Das unreinere Metall wird dabei abgebaut.

Harz (Epoxid, Polyester, etc.)

Zähflüssiger chemischer Stoff, der durch Aushärtung ein fester Stoff wird.

Hertz

Einheit für Wechselstrom, nach Heinrich Hertz (1857-1894) benannt. Maßeinheit für Stromwechsel pro Zeiteinheit.

Hochfrequenz

Spannung in Beziehung zu hohen Stromwechseln, Maßeinheit: Hertz

Hochspannung

Hochenergetische Elektronenerregung.

Hochspannungsphasen

Sekundäre Ausgänge, an denen Hochspannung entnommen werden kann.

Hörnerelektroden

V-förmige Elektrodenform, die an »Hörner« erinnert, geeignet für Jakobsleitern.

Induktion

Erregung von Elektronenbewegung durch magnetische Impulse in einer isolierten Kupferwicklung, z. B. durch einen beweglichen Permanentmagneten oder einen Eisenkern, der durch Wechselstrom zu magnetischen Impulsen erregt wird.

Isolationsöl

Öl, das dielektrische Eigenschaften besitzt, um Spannungsbereiche zu schützen.

Isolationspapier

Papier, das als Lage zwischen Kupferdrahtschichten isoliert.

Isolator

Dielektrisches Material, das zwischen zwei entgegengesetzten Spannungsbereichen als Trennung und Schutz wirkt.

Jakobsleiter

Das Klettern eines Lichtbogens zwischen zwei Hörnerelektroden, Thema aus der Bibel nach Vision eines Propheten.

Kabelschuhe

In der Elektrik oft verwendete Schraubösen, in die Kabel eingelötet oder verschraubt werden können.

Kapazität

Fassungsvermögen für elektrische Ladungen in Speicherpotentialen, z. B. Kondensatoren oder Elektroden, die durch das elektrische Feld wirken.

Kern

Siehe Eisenkern.

Kern-Normen

Festgelegte Maße von Kerngrößen und -arten nach DIN.

Kinetik

Die Lehre von der Bewegung durch Kräfte. (Kinetische Elektroden = bewegliche Elektroden).

Konsistenz

Bezeichnung der Dichte und Beschaffenheit eines Stoffs.

Korona

Ionisiertes Fluidum, das einen elektrischen Leiter unter Hochspannung umgibt. K. beschreibt eine Entladungsform ohne direkte Funkenbildung, die durch atmosphärische Eigenschaften unterdrückt wird.

Koronasprühen

An Spitzen und engen Krümmungen erhöht sich die Konzentration der Korona und wird dadurch hörbar.

Koronawirkung

Potenzieller Wirkungsgrad der Korona an den Leiteroberflächen innerhalb zweier Spannungsbereiche bei hoher Spannung.

Kupferlackdraht

Mit Lack überzogener und isolierter Kupferdraht. Doppellackisoliert = zwei Lackschichten.

Kupferzunge

Herausgeleiteter Pol einer Wicklung vom Wicklungsanfang aus, der mit einem Bohrloch für die Verschraubung am Kern versehen werden kann.

Kurzschluss

Das direkte, meist zerstörerische Berühren entgegengesetzter elektrischer Bereiche, z. B. zweier elektrischer Leiter innerhalb eines Stromkreises.

Lagen/Schichten

Isolationspapiere, die zwischen die Kupferlackdraht-Schichten zum Schutz eingearbeitet werden.

Leistung

Elektrisches Potenzial, das sich aus Spannung und Stromstärke errechnet: VA = P (W)

Langspule

Länglich bewickelte Spule.

Lenzsche Regel

Der Induktionsstrom ist stets so gerichtet, dass er seiner Ursache entgegenwirkt. Z. B. stoßen sich Primär- und Sekundärspule auf einem Eisenkern ab, wenn ein Wirkstrom durch Induktion durch einen Verbraucher an der Sekundärseite entsteht. Heinrich Friedrich Emil Lenz (1804-1865)

Lichtbogen

Ionisierte Luft durch Hochspannung, die in Form eines Schlauchs Licht erzeugt.

Lüsterklemme

Handelsübliche Verschraubungsmöglichkeit für Drähte.

Medium

Übertragungsmittel zweier Bereiche im elektrischen Sinn: Wirkungsbereich zwischen Elektroden, z. B. als elektrisches Feld. Beim Transformator ist der Eisenkern das Übertragungsmedium zwischen Primär- und Sekundärspule.

Mineralisches Öl

Aus Rohöl gewonnenes organisches Produkt.

Multiplex

Verleimtes Schichtholz, das aus mehreren Holzfurnieren in verschiedenen Stärken hergestellt wird. Es gibt wasserfeste Varianten und verschiedene Qualitäten.

Netzfilter

Elektrische Schaltungen, die meist aus Kondensatoren und Drosseln bestehen, um Störungen aus dem Netz zu unterbinden.

Neozedsicherung

Träge Schmelzsicherung, Normen bis 63 A.

Niederfrequenz

In Hertz gemessene Frequenz, die aus wenigen Stromwechseln pro Zeiteinheit besteht.

Ölstrecke

Ermittelte Strecke innerhalb des Isolationsöls in Beziehung zur Spannung bzw. Durchschlagsspannung.

Ozon

Gesundheitsschädliches Gas, das aus dreiwertigem Sauerstoff besteht.

Panzersicherung

Hauptsicherung am Hausanschluss, die eine leistungsstarke Schmelzsicherung ist.

Pflanzenöl

Organisches Öl, das aus Pflanzen gewonnen wird.

Phase

Aktiver Leiter, der in elektrischer Beziehung zum Nulleiter oder der Erde steht.

Peripherie

Dielektrisches Gehäuse oder Behälter, der elektronische oder elektrische Einbauten schützt.

Pole

Potenzielle elektrische Zonen, von denen elektrischer Strom entnommen wird oder an denen elektrische Vorgänge stattfinden.

Polyesterharzlaminat

Laminat, das aus Polyesterharz und Fiberglasmatten besteht und in mehreren Schichten zu einer harten flexiblen Platte verarbeitet werden kann.

Primärspule

Eingangswicklung eines Transformators.

Schaltschütz

Großes Sicherungsrelais, das bei Überlastung den Strom elektromagnetisch abschaltet.

Schaltsicherung

Sicherungsrelais, das bei Überlastung den Strom elektromechanisch abschaltet.

Schenkel

Bezeichnung für die zu bewickelnde Zone eines Eisenkerns, UI-Trafos haben zwei Schenkel, EI-Trafos drei usw.

Schichtenrand

Die Randzone einer gewickelten Kupferdrahtschicht.

Schichtenspannung

Die Spannung einer gewickelten Schicht. Zwei Schichten liegen gegenüber = doppelte Schichtenspannung.

Sekundärspule

Ausgangswicklung eines Transformators.

Silikonteichfolie

Robuste und langlebige Kunststofffolie für Gartenteiche aus Silikonkunststoff.

Spanische Wand

Aufklappbare Trennwand, die z. B. in Gaststätten zur Abgrenzung einzelnen Sitzgruppen verwendet wird.

Spulenausladung

Umfangsgröße einer Spule.

Spulenkörper

Der Körper, der die Wicklung fasst. Form, die aus dielektrischem Material besteht und die Kupferdrahtschlingen vom Kern isoliert.

Staffelspule

Eine Detailspule einer gestaffelten Spulenserie, primär oder sekundär.

Streamer

Blitzentladung aus einem Tesla-Transformator (Teslaspule).

Stromschlag

Das schmerzhafte Empfangen einer elektrischen Entladung.

Synthetisches Öl

Öl, das künstlich hergestellt wird.

Tesla-Transformator

Auch *Teslaspule* genannt. Ein Transformator ohne Kern, der hochfrequente Ströme und Spannungen mit Hilfe eines Schwingkreises erzeugt.

Transformator

Umwandler oder Spannungswandler, Übertragungsmedium verschiedener Spannungen und Stromstärken gemessen in Volt und Ampere, unter gleichen Leistungsverhältnissen (nach dem Energieerhalungssatz).

Überschlag

Das Entstehen einer Entladung zwischen zwei entgegengesetzten elektrischen Bereichen an ihren Oberflächenzonen.

Umraum

Der Raum um die Apparatur und ihre Peripherie.

UV-Strahlung

Strahlung aus ultraviolettem Licht, das gesundheitsschädlich für Augen und Haut sein kann. Bei überhöhter Strahlungsbelastung krebserregend.

Wicklung

Aufspulung vieler Drahtwindungen, die sich meist auf einem Spulenkörper befinden.

Windung

Eine einzelne Drahtschlinge.

Windungsschluss

Kurzschluss zwischen Windungen in einer Wicklung.

Wirkstrom

Stromstärke, die in der Primärspule zunimmt, wenn an der Sekundärspule Strom entnommen wird. Voller Leistungsstrom, der durch Stromzähler gemessen wird.

Zündfunke

Sichtbare elektrische Entladung in der Atmosphäre oder in anderen Gasen.

Zündstrecke

Längenmaß für den Funken

Literatur

Walz Physik Gesamtausgabe, Hermann Schroedel Verlag KG, Hannover, 1974

Dorn-Bader Physik Oberstufe, Schroedel Schulbuchverlag GmbH, Hannover, 1983

Thompson, Michael Faradays Leben und Wirken, Sändig Reprint Verlag, Hans R. Wohlwend, Vaduz/Liechtenstein, 1992

Nikola Tesla, Erfinder – Magier – Prophet, Margaret Cheney, Omega-Verlag, 52080 Aachen

Tesla , John O'Neill, Verlag Zweitausendeins, ISBN 3-86150-193-7

Edition Tesla Band 1, Hochfrequenz-Experimente, ISBN 3-89539-240-5

Edition Tesla Band 3, Wechselstrom- und Hochfrequenztechnologie, ISBN 3-89539-242-1

Das große Hochspannungs- und Hochfrequenz-Experimentier-Handbuch 2005, (Jochen Kronjäger, Karl Kehrle, Günter Wahl, Harald Chmela), Franzis Verlag GmbH, 85586 Poing, ISBN 978-3-7723-5907-1